中国水利教育协会　组织

全国水利行业“十三五”规划教材（中等职业教育）

水利水电工程计量与计价

主　编　康喜梅

中国水利水电出版社
www.waterpub.com.cn
·北京·

内 容 提 要

本书是根据教育部办公厅《关于制定中等职业学校专业教学标准的意见》（教职成厅〔2012〕5号）及全国水利职业教育教学指导委员会制定的《中等职业学校水利水电工程施工专业教学标准》编写完成的。本书主要介绍水利水电工程计量与计价的基础知识，共10个项目，内容包括：绪论、水利水电工程概预算项目划分及费用构成、水利水电工程基础单价、工程定额、建筑安装工程单价、设备费、工程量计算、施工临时工程和独立费用、水利水电工程设计概算编制和水利水电工程造价软件。

本书可作为水利水电中等职业学校水利工程技术、水利工程施工技术、水利水电工程管理、工程造价等专业的计量与计价课程教学用书，也可作为从事水利水电规划、可行性研究、初步设计等方面工作的技术人员的参考用书。

本书配有电子教案，读者可从中国水利水电出版社“行水云课”平台免费下载，同时也可扫描书后二维码查看。

图书在版编目（CIP）数据

水利水电工程计量与计价 / 康喜梅主编. -- 北京 : 中国水利水电出版社, 2017.7(2024.1重印)
全国水利行业“十三五”规划教材. 中等职业教育
ISBN 978-7-5170-5155-8

Ⅰ. ①水… Ⅱ. ①康… Ⅲ. ①水利水电工程－计量－中等专业学校－教材②水利水电工程－工程造价－中等专业学校－教材 Ⅳ. ①TV512

中国版本图书馆CIP数据核字(2017)第176115号

书　名	全国水利行业“十三五”规划教材（中等职业教育） **水利水电工程计量与计价** SHUILI SHUIDIAN GONGCHENG JILIANG YU JIJIA
作　者	主编　康喜梅
出版发行	中国水利水电出版社 （北京市海淀区玉渊潭南路1号D座　100038） 网址：www. waterpub. com. cn E-mail：sales@mwr. gov. cn 电话：(010) 68545888（营销中心）
经　售	北京科水图书销售有限公司 电话：(010) 68545874、63202643 全国各地新华书店和相关出版物销售网点
排　版	中国水利水电出版社微机排版中心
印　刷	北京印匠彩色印刷有限公司
规　格	184mm×260mm　16开本　10.75印张　255千字
版　次	2017年7月第1版　2024年1月第3次印刷
印　数	4001—5500册
定　价	**38.00**元

前言

教材事关国家和民族的前途命运，教材建设必须坚持正确的政治方向和价值导向。本书坚持党的二十大精神，全面贯彻党的教育方针，落实立德树人根本任务，为党育人，为国育才，弘扬劳动光荣、技能宝贵、创造伟大的时代风尚。

本书是根据教育部办公厅《关于制定中等职业学校专业教学标准的意见》（教职成厅〔2012〕5号）及全国水利职业教育教学指导委员会制定的《中等职业学校水利水电工程施工专业教学标准》进行编写的，力求突出中等职业技术教育教材的特点，着重于教材的实用性，以培养学生的实际动手操作能力为主线，努力做到循序渐进和理论与实际的联系。本书以水利部最新颁发的《水利建筑工程概算定额》《水利建筑工程预算定额》《水利工程施工机械台时费定额》《水利水电设备安装工程概算定额》《水利工程设计概（估）算编制规定》为基础，以水利系统水利水电工程为对象编制，使读者学习后能够独立地编制水利水电工程概预算造价。

本书分别介绍了基本建设、工程造价概念、水利水电工程概预算项目划分和费用构成、基础单价、工程定额、建筑安装工程单价、设备费、工程量计算、施工临时工程及独立费用、设计概算的编制和工程造价软件。书中既有理论内容，又有大量的实例与常用格式，通俗易懂，可供水利水电工程技术人员和有关专业师生使用、参考。

本书由甘肃省水利水电学校康喜梅任主编，高丽任副主编。本书项目1、项目6由新疆水利水电学校陶茜编写，项目2由山东水利技师学院谷瑾编写，项目3由长春水利电力学校王晓彤编写，项目4、项目9、附表由甘肃省水利水电学校康喜梅编写，项目5、项目7、项目10由甘肃省水利水电学校高丽编写，项目8由北京水利水电学校张亚荣编写。全书由康喜梅进行统稿。

本书在编写过程中参考和引用了许多专业书籍中的论述，除大部分已经列出外，其余未能一一注明，特此一并致谢。同时也感谢各参与学校的大力支持。

因编者水平有限，加之时间仓促，缺点和错误在所难免，恳请读者批评指正。

编者

2017年1月

目录

前言

项目 1　绪论 …… 1
任务 1.1　基本建设项目种类和项目划分 …… 1
任务 1.2　基本建设程序与对应的工程造价 …… 3
任务 1.3　工程造价概述 …… 7
复习思考题 …… 8

项目 2　水利水电工程概预算项目划分及费用构成 …… 9
任务 2.1　概预算项目划分 …… 9
任务 2.2　费用构成及计算程序 …… 12
任务 2.3　建筑安装工程费 …… 14
任务 2.4　设备费 …… 20
任务 2.5　独立费用 …… 20
任务 2.6　预备费、建设期融资利息、静态投资和动态总投资 …… 23
复习思考题 …… 25

项目 3　水利水电工程基础单价 …… 26
任务 3.1　人工预算单价 …… 26
任务 3.2　材料预算价格 …… 30
任务 3.3　施工用电、水、风价格 …… 37
任务 3.4　施工机械台时费 …… 42
任务 3.5　混凝土材料、砂浆材料单价 …… 48
复习思考题 …… 54

项目 4　工程定额 …… 56
任务 4.1　概述 …… 56
任务 4.2　定额分类 …… 58
任务 4.3　定额的使用 …… 60
复习思考题 …… 65

项目 5　建筑安装工程单价 …… 66
任务 5.1　建筑工程单价 …… 66
任务 5.2　安装工程单价 …… 91
复习思考题 …… 97

项目 6　设备费 …… 99

任务 6.1　设备预算价格 …… 99

任务 6.2　设备费 …… 102

复习思考题 …… 103

项目 7　工程量计算 …… 104

任务 7.1　水利水电工程量分类 …… 104

任务 7.2　工程量计算规则 …… 110

任务 7.3　常见工程工程量计算 …… 112

任务 7.4　工料分析 …… 115

复习思考题 …… 116

项目 8　施工临时工程和独立费用 …… 118

任务 8.1　施工临时工程 …… 118

任务 8.2　独立费用 …… 120

复习思考题 …… 126

项目 9　水利水电工程设计概算编制 …… 127

任务 9.1　概算编制的原则、依据和程序 …… 127

任务 9.2　设计概算编制内容 …… 128

任务 9.3　总概算的编制 …… 129

复习思考题 …… 137

项目 10　水利水电工程造价软件 …… 138

任务 10.1　造价软件简介 …… 138

任务 10.2　水利水电工程造价软件使用实例 …… 138

附录 …… 151

参考文献 …… 166

项目1 绪　论

任务1.1　基本建设项目种类和项目划分

1.1.1　基本建设项目概念

基本建设项目是指在一个场地或几个场地上，按照一个独立的总体设计兴建的一项独立工程，或若干个互相有内在联系的工程项目的总体，简称建设项目。工程建成后经济上可以独立经营，行政上可以统一管理。

一般以一个企业、事业或行政单位作为一个基本建设项目。例如，工业建设的一个联合企业，或一个独立的工厂、矿山；农林水利建设的独立农场、林场、水库工程交通运输建设的一条铁路线路、一个港口；文教卫生建设的独立的学校、报社、影剧院；等等。同一总体设计内分期进行建设的若干工程项目，均应合并为一个建设项目；不属于同一总体设计范围内的工程，不得作为一个建设项目。

1.1.2　基本建设项目种类

1.1.2.1　按建设项目的建设性质不同分类

建设项目可以分为新建、扩建、恢复和迁建项目等。

（1）新建项目。指从无到有，“平地起家”建设的项目。有的建设项目并非从无到有，但其原有基础薄弱，经过扩大建设规模，新增加的固定资产价值超过原有固定资产价值的三倍以上，也可以称为新建项目。

（2）扩建项目。指现有企业为扩大原有产品的生产能力或效益或者为增加新的品种生产能力而增建的项目。

（3）恢复项目。指企事业单位原有的建设项目因自然灾害或人为原因使其破坏，全部或部分报废，又投资重新建设的项目。

（4）迁建项目。指原有的企事业单位由于改变生产布局或环境保护和安全生产以及其他特别需要，迁往外地建设的项目。

1.1.2.2　按行业构成、投资用途分类

建设项目可分为生产性建设项目和非生产性建设项目。

（1）生产性建设项目。指直接用于物质生产或为了满足物质生产需要，能够形成新的生产能力的建设工程项目，如工业建设项目。

（2）非生产性建设项目。指用于满足人民物质生活和文化生活需要，能够形成新的效益的建设工程项目。如住宅、文教、卫生和公用事业建设项目等。

1.1.2.3　按建设的总规模或总投资的大小分类

建设项目可分为大、中、小型三类。国家对工业建设项目和非工业建设项目均规定有

划分大、中、小型的标准，各部委对所属专业建设项目也有相应的划分标准。如水利水电建设项目就有对水库、水电站、堤防等划分为大、中、小型的标准。

1.1.2.4 按建设项目的建设阶段分类

一般将建设项目划分为前期工作项目、预备项目、施工项目和建成投产项目。

(1) 前期工作项目。项目建议书批准后，可行性研究报告批准前的项目。

(2) 预备项目。可行性研究报告批准后，开工前的项目。

(3) 施工项目。开始施工的项目。

(4) 建成投产项目。竣工验收后交付使用的项目。

1.1.2.5 按建设项目投入产出属性分类

按建设项目投入产出属性分类，将其分为经营性建设项目和公益性建设项目。

(1) 经营性建设项目。指有明确投入，建成之后可用于生产经营，创造经济效益，回收投资，并取得利润的建设项目，如高速公路、水电站、房地产开发等。

(2) 公益性建设项目。指有明确投入，建成之后能产生社会效益，但难以用于生产经营、创造经济效益的一类项目，如防洪工程、水土保持工程、生态环境工程等。

1.1.3 基本建设项目划分

1.1.3.1 一般基本建设项目划分

一般基本建设项目划分为单项工程、单位工程、分部工程和分项工程等。

(1) 单项工程。单项工程指具有独立的设计文件，可以独立组织施工，建成后能独立发挥生产能力或效益的工程，如办公楼、住宅、电影院、图书馆、食堂等。单项工程是工程项目的组成部分，它包括建筑工程、设备安装工程、其他工程等。单项工程由若干个单位工程组成。

(2) 单位工程。单位工程指具有独立设计文件，可以独立组织施工，但完成后不能独立发挥效益的工程。单位工程是单项工程的组成部分，如某车间是一个单项工程，则车间的建筑工程（即厂房建筑）就是一个单位工程。

(3) 分部工程。分部工程是单位工程的组成部分，它是按工程部位或工种的不同而作出的分类。如建筑工程中的一般土建工程，按照不同的部位、工种和材料结构，大致可以分为土石方工程、基础工程、砖石工程、混凝土及钢筋混凝土工程等。

(4) 分项工程。分项工程是分部工程的组成部分。分项工程是通过较为简单的施工过程就能生产出来，并且可以用适当的计量单位计算供料消耗的最基本构造因素。例如，砖石工程按工程部位划分为内墙、外墙等分项工程；钢筋混凝土工程可以划分为模板、钢筋混凝土等分项工程。

【例 1.1】 某水电站工程项目划分。

解： 划分结果如图 1.1 所示。

1.1.3.2 水利水电概预算项目划分

水利水电基本建设项目常常是多种性质工程的复杂综合体，很难像一般基本建设项目严格按单项工程、单位工程、分部工程、分项工程来确切划分项目。因此，根据水利水电工程特点，按照组成内容把一个建设项目划分为若干一级项目，每个一级项目再分为若干

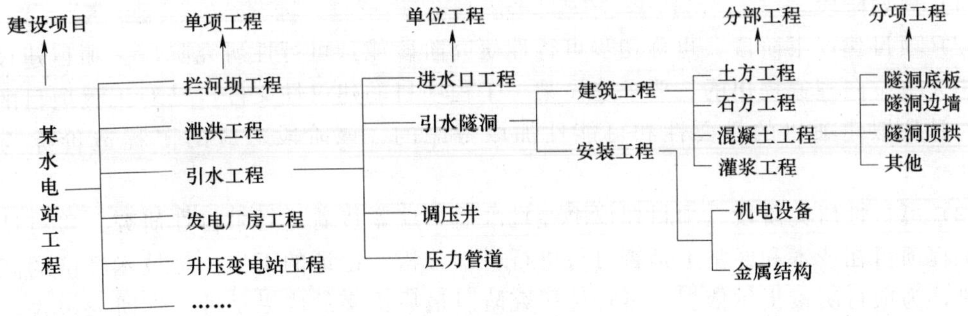

图 1.1　水电站项目划分

二级项目，二级项目再分为若干三级项目，依次从大到小逐级划分。投资估算和设计概算要求划分至三级项目，施工图预算可根据计划统计、成本核算的实际需要进一步划分至四级项目，甚至五级项目。

(1) 工程类别划分。水利工程按工程性质划分为两类：一类是枢纽工程，包括水库、水电站和其他大型的独立建筑物，枢纽工程大多数为多目标开发项目，建筑物种类多，布置集中，施工难度大；另一类是引水及河道工程，包括供水工程、灌溉工程、河湖整治工程、堤防工程，这类工程建筑物种类少，布置分散，施工难度小。

(2) 概算构成。水利工程概算由工程部分、移民和环境部分两部分组成。工程部分项目划分和概算编制按照水利部 2002 年颁发的水总〔2002〕116 号文有关规定执行。移民和环境部分概算编制和划分的各级项目执行《水利工程建设征地移民补偿投资概（估）算编制规定》《水利工程环境保护设计概（估）算编制规定》和《水土保持工程概（估）算编制规定》。

1) 工程部分。工程部分概算项目划分为五部分：建筑工程、机电设备及安装工程、金属结构设备及安装工程、施工临时工程、独立费用。根据水利工程性质，其工程项目分别按枢纽工程和引水及河道工程划分，工程各部分下设一、二、三级项目。在二、三级项目中，《水利工程设计概（估）算编制规定》中仅列出了代表性子目，编制概算时，二、三级项目可根据水利工程初步设计编制规程的工作深度要求和工程情况增减或再划分。

2) 移民和环境部分。移民和环境部分概算项目划分为水库移民征地补偿、水土保持工程、环境保护工程。

任务 1.2　基本建设程序与对应的工程造价

1.2.1　基本建设程序

基本建设程序是指建设项目从决策、设计、施工到竣工验收全过程中，各项工作必须遵循的先后次序与步骤。

我国不同行业项目建设的程序略有差异，但一般可分为八个阶段，即规划阶段、项目建议书阶段、可行性研究阶段、设计阶段、建设准备阶段、建设实施阶段、竣工验收阶段和后评价阶段。其中项目建议书阶段和可行性研究阶段称为前期工作阶段或决策阶段。

（1）规划阶段。

（2）项目建议书阶段，也称初步可行性研究阶段或预可行性研究阶段。项目建议书是项目法人单位向国家提出的、要求建设某一工程项目的建议性文件，是对工程项目的轮廓设想，是从拟建项目的必要性和可能性加以考虑的。该阶段对应的工程造价称为投资估算。

（3）可行性研究阶段。项目建议书经批准后，应紧接着进行可行性研究。可行性研究是对工程项目在技术和经济上是否可行进行科学分析和论证的工作，是技术经济的深入论证阶段，为项目决策提供依据。可行性研究阶段最后提交的成果是可行性研究报告，经批准的可行性研究报告是工程项目实施的依据。该阶段对应的工程造价也称为投资估算，但其估算依据和精度、深度不同。

（4）设计阶段。设计是复杂的综合性技术经济工作，设计前和设计中要进行大量的勘察调查工作，没有一定广度和深度的勘察工作，就不可能有正确的设计工作。工程设计是分阶段进行的，常见的设计阶段分为：

1）初步设计。它是根据可行性研究报告的要求所做的具体实施方案。目的是为了论证在制定的地点、时间和投资控制数额内，拟建项目在技术上的可行性和经济上的合理性，并通过对工程项目作出的基本技术经济参数的规定，编制项目设计概算和总概算。

2）技术设计。它是对重大项目和新型项目，为进一步解决某些具体技术问题，或确定某些技术方案而增加的设计阶段。它是对初步设计阶段中无法解决而又需要进一步解决的问题进行的设计，如大型建筑物、构筑物某些关键部位的结构形式、工程措施等。该阶段对应的工程造价称为修正概算。

3）招标设计。招标设计是为满足施工招标而进行的设计，它是将初步设计进一步具体化，详细定出总体布置和各建筑物的轮廓尺寸、标高、材料类型、工艺要求和技术要求等。其设计深度要求为：可以根据招标设计图较准确地计算出各种建筑材料，如水泥、砂石料、木材等的规格等。该阶段对应的工程造价有招标标底和投标报价。

4）施工详图设计，也称施工图设计。它是完整地表现建筑物外形、内部空间分割、结构体系、构造状况以及建筑群的布局和周围环境的配合，具有详细的构造尺寸。设计完的施工图经过审核，提供给承包人施工。该阶段对应的工程造价称为施工图预算。

（5）建设准备阶段。建设准备的主要工作内容包括：征地、拆迁和施工场地平整；完成施工用水、电、路等工程；组织设备、材料订货；组织施工招标，选定承包人。该阶段对应的工程造价称为施工预算、承包合同价。

（6）建设实施阶段。工程项目经批准开工，便进入建设实施阶段。该阶段对应的工程造价称为工程结算。

（7）竣工验收阶段。竣工验收阶段包含两种验收：一是一个工程项目的施工合同完成后，由承包人将合同工程移交给业主所进行的验收，常称完工验收；二是整个工程项目完工并投产后，由上级主管部门组织对工程的验收，常称竣工验收。该阶段对应的工程造价有竣工结算和竣工决算。

（8）后评价阶段。建设项目竣工投产后，一般经过1～2年生产运营后要进行一次系统的项目后评价。主要内容包括：环境影响评价、经济效益评价、建设过程评价。这些工作一般按三个层次组织实施，即项目法人的自我评价、项目行业的评价、计划部门（或主要投资方）的评价。

1.2.2　水利水电工程基本建设项目建设程序

根据我国基本建设实践，水利水电工程基本建设程序为：根据资源条件和国民经济长远发展规划，进行流域或河段规划，提出项目建议书；进行可行性研究和项目评估，编制可行性研究报告；可行性研究报告批准后，进行初步设计；初步设计经过审批，项目列入国家基本建设年度计划；进行施工准备和设备订货；开工报告批准后正式施工；建成后进行验收投产；生产运行一定时间后，对建设项目进行后评价。

水利水电工程基本建设程序的具体工作内容如下。

1.2.2.1　流域规划

流域规划就是根据该流域的水资源条件和国家长远计划，以及该地区水利水电工程建设发展的要求，提出该流域水资源的梯级开发和综合利用的最优方案。对该流域的自然地理、经济状况等进行全面、系统的调查研究，初步确定流域内可能的建设位置，分析各个坝址的建设条件，拟定梯级布置方案、工程规模、工程效益等，进行多方案分析比较，选定合理梯级开发方案，并推荐近期开发的工程项目。

1.2.2.2　项目建议书

项目建议书是在流域规划的基础上，由主管部门提出建设项目的轮廓设想，从宏观上衡量分析项目建设的必要性和可能性，分析建设条件是否具备条件，是否值得投入资金和人力。

项目建议书编制一般由政府委托有相应资质的设计单位承担，并按国家现行规定权限向主管部门申报审批。项目建议书被批准后，由政府向社会公布，若有投资建设意向，则组建项目法人筹备机构，进行可行性研究工作。

1.2.2.3　可行性研究

可行性研究是项目能否成立的基础，这个阶段的成果是可行性研究报告。它是运用现代技术科学、经济科学和管理工程学等，对项目进行技术经济分析的综合性工作，其主要任务是：研究兴建某个建设项目在技术上是否可行，经济效益是否显著，财务上是否能够盈利，是否有利于地方的发展；建设中要动用多少人力、物力和资金；建设工期的长短，如何筹集建设资金等重大问题。因此，可行性研究是进行建设项目决策的主要依据。

水利水电工程项目的可行性研究是在流域（河段）规划的基础上，组织各方面的专家、学者对拟建项目的建设条件进行全方位多方面的综合论证比较。例如三峡工程就涉及到许多部门和专业，甚至整个流域的生态环境、文物古迹、军事等学科。

可行性研究报告由项目主管部门委托工程咨询单位或组织专家进行评估，并综合行业归口部门、投资机构、项目法人等方面的意见进行审批。项目的可行性研究报告批准后，应正式成立项目法人，并按项目法人责任制实行项目管理。

美国在 20 世纪 30 年代开发田纳西密西西比河时，就提出要加强可行性研究的内容，为项目的正确决策起到了良好作用。通常国外所指的可行性研究，大致包括机会可行性研究、初步可行性研究和可行性研究三个阶段。

（1）机会可行性研究主要是鉴别投资机会，对拟建项目的投资方向提出建议，并确定是否有必要作进一步研究，其深度较浅。

（2）初步可行性研究是对项目的进一步研究，以便有较可靠的依据，以确定拟建项目是否有必要兴建，是否要进行专题补充研究。

（3）可行性研究亦称为最终可行性研究，通过进一步调查研究，对拟建项目的投资额、工程效益、环境评价、移民拆迁等提出分析和建议，为投资或项目兴建决策提供可靠的技术经济依据。

1.2.2.4 初步设计

可行性研究报告批准后，项目法人应择优选择有相应资质的设计单位承担工程的勘测设计工作。

初步设计是在可行性研究的基础上进行的，其主要任务是：确定工程规模；确定工程总体布置、主要建筑物的结构形式及布置；确定电站或泵站的机组机型、装机容量和布置；选定对外交通方案、施工导流方式、施工总进度和施工总布置、主要建筑物施工方法及主要施工设备、资源需用量及其来源；确定水库淹没、工程占地的范围，提出水库淹没处理、移民安置规划和投资概算；提出环境保护措施设计；编制初步设计概算；复核经济评价等。初步设计由项目法人组织审查后，按国家现行规定权限向上级主管部门申报审批。

1.2.2.5 施工准备阶段

初步设计经批准后，项目法人或其代理机构必须依照有关规定向行政主管部门办理报建手续，需同时交验工程建设项目的有关批准文件。工程项目报建后，方可组织施工准备工作。施工准备工作主要内容包括：

（1）施工现场的征地、拆迁，施工用水、电、通信、道路的建设和场地平整等工程。

（2）必需的生产、生活临时建筑工程。

（3）组织招标设计、咨询、设备和物资采购等服务。

（4）组织建设监理和主体工程招标投标，并择优选择建设监理单位和施工承包商。

（5）进行技术设计，编制修正总概算和施工图设计，编制施工图预算。

1.2.2.6 建设实施阶段

项目法人按照批准的建设文件，组织工程建设，保证项目建设目标的实现。

项目法人或其代理机构必须按审批权限向主管部门提出主体工程开工申请报告，经批准后，主体工程方可正式开工。

主体工程开工必须具备以下条件：前期工程各阶段文件已按规定批准，施工详图设计可以满足初期主体工程施工需要；建设项目已列入国家或地方水利水电工程建设投资年度计划，年度建设资金已落实；水利水电工程建设投资年度计划，年度建设资金已落实；主体工程招标已经决标，工程承包合同已经签订，并得到主管部门同意；现场施工准备和征地移民等建设外部条件能够满足主体工程开工需要；建设管理模式已经确定，投资主体与项目主体的管理关系已经理顺；项目建设所需全部投资来源已经明确，且投资结构合理；项目产品的销售已有用户承诺，并确定了定价原则。

1.2.2.7 生产准备阶段

项目法人应按照建管结合和项目法人责任制的要求，适时做好有关生产准备工作，其主要内容一般包括：生产组织准备、招收和培训人员、生产技术准备、生产物质准备、正常的生活福利设施准备、及时具体落实产品销售合同协议的签订。

1.2.2.8 竣工验收

当建设项目的建设内容全部完成，经过单位工程验收，符合设计要求，并按水利基本建设项目档案管理的有关规定，完成了档案资料的整理工作；在完成竣工报告、竣工决算等必需文件的编制后，项目法人按照有关规定，向验收主管部门提出申请，根据国家和部颁验收规程，组织验收。

竣工决算编制完成后，须由审计机关组织竣工审计，其审计报告作为竣工验收的基本资料。

对工程规模较大、技术较复杂的建设项目可先进行初步验收。不合格的工程不予验收；有遗留问题必须提出具体处理意见，对有限期处理的明确要求并落实责任人。

1.2.2.9 后评价

后评价是工程建成之后的评价，是与前期评价相比较而言的，主要内容包括：环境影响评价、经济效益评价、建设过程评价。

建设程序和各阶段工程造价确定流程，如图1.2所示。

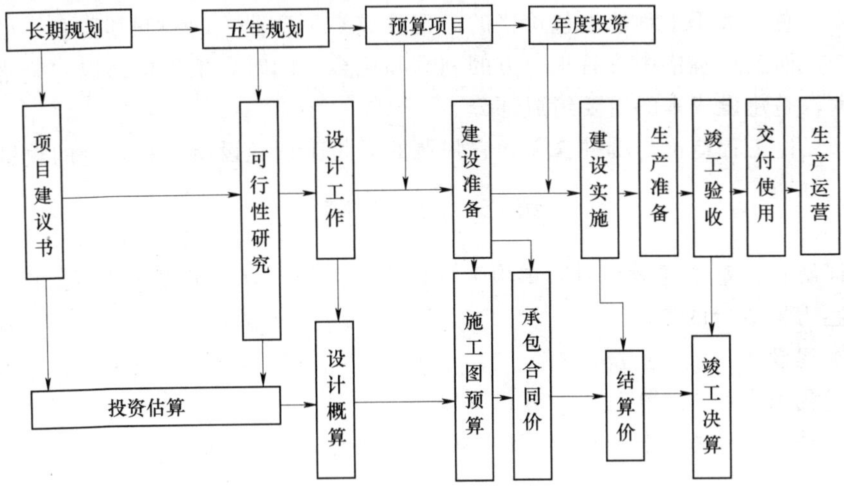

图1.2 基本建设程序与对应的工程造价

任务1.3 工 程 造 价 概 述

1.3.1 工程造价含义

工程造价是建设工程造价的习惯用语（或简称），现在普遍认为，工程造价的内涵具有很大的不确定性。当前比较公认的意见认为工程造价的含义有两种。

（1）建设成本。第一种含义是指建设项目的建设成本（或叫工程投资），即完成一个建设项目预期开支或实际开支的全部费用的总和。它包括建筑安装工程费用、设备工器具购置费、工程建设其他费、预备费、建设期的贷款利息、固定资产投资方向调节税等。显然，工程造价与建设项目投资中的固定资产投资等量，但不同义。工程造价不像建设项目投资那样有明确的主体性和目标性，它只表示建设项目所消耗资金的数量标准。

（2）承发包价格。第二种含义是指建设项目的承发包价格，即发包方与承包方签订的合同价。它包括生产成本、利润、税金三个部分。

1.3.2 工程造价的两层含义之间的区别和相互联系

（1）建设成本（工程投资）是对投资方、业主、项目法人而言的。为谋求以较低的投入获得较高的产出，在确保建设要求、工程质量的基础上，建设成本总是要求越低越好，这就必须对建设成本实行从前期就开始的全过程控制与管理。从性质上讲，建设成本的管理属于对具体工程项目的投资管理范畴。

（2）工程价格（承包价格）是对发包方、承包方双方而言的。工程承发包价格形成于发包方和承包方的承发包关系，即合同的买卖关系中。双方的利益是矛盾的。在具体工程上，双方都在通过市场谋求有利于自身的合理承包价格，并保证价格的兑现和风险的补偿，因此双方都有对具体工程项目的价格管理问题。这种管理明确属于价格管理范畴。

（3）工程造价的两种含义关系密切。建设成本的边界涵盖建设项目的费用，而工程价格的范围只包括建设项目的局部费用，即承发包工程部分的费用，在总体数额及内容组成上，建设成本总是大于工程承发包价格的。建设成本不含业主的利润和税金，形成投资者的固定资产。而工程价格中含有承包方的利润和税金。同时，工程价格以“价格”形式进入建设成本，是建设成本的重要组成部分。

但是，无论工程造价是哪种含义，它强调的只是工程建设所消耗资金的数量标准。

复习思考题

1. 名词解释：基本建设项目、单项工程、单位工程、分部工程、分项工程。
2. 简述工程造价的含义。
3. 基本建设项目种类有哪些？
4. 简述我国水利水电工程基本建设程序。
5. 简述基本建设程序各阶段对应的工程造价是什么。

项目2 水利水电工程概预算项目划分及费用构成

任务2.1 概预算项目划分

2.1.1 水利水电建设项目划分

水利水电基本建设项目通常是一个综合体，组成较为复杂，很难按照一般基本建设项目的划分方法来进行。据此特点，工程项目按枢纽工程、引水工程及河道工程划分，其下分别设一、二、三级项目。

二、三级项目中，《水利工程设计概（估）算编制规定》仅列示了代表性子目，编制概算时，二、三级项目可根据水利工程初步设计编制规程的工作深度要求和工程情况增减或再划分，以三级项目为例，具体如下：

（1）土方开挖工程，应将土方开挖与砂砾石开挖分列。

（2）石方开挖工程，应将明挖与暗挖，平洞与斜井、竖井分列。

（3）土石方回填工程，应将土方回填与石方回填分列。

（4）混凝土工程，应将不同工程部位、不同标号、不同级配的混凝土分列。

（5）模板工程，应将不同规格形状和材质的模板分列。

（6）砌石工程，应将干砌石、浆砌石、抛石、铅丝（钢筋）笼块石等分列。

（7）钻孔工程，应按使用不同钻孔机械及WL的不同用途分列。

（8）灌浆工程，应按不同灌浆种类分列。

（9）机电、金属结构设备及安装工程，应根据设计提供的设备清单，按分项要求逐一列出。

（10）钢管制作及安装工程，应将不同管径的钢管、叉管分列。

2.1.2 水利工程概预算项目划分

2.1.2.1 工程类别的划分

为了便于水利工程的项目划分，更好地进行概预算编制，通常将水利工程按照工程性质划分为枢纽工程、引水工程及河道工程两大类，具体划分如图2.1所示。

2.1.2.2 水利工程概预算项目组成

水利工程概预算由工程部分、移民和环境部分两部分组成。结合项目划分方法，其工程部分项目组成如下。

1. 建筑工程

（1）枢纽工程

枢纽工程指水利枢纽建筑物（含引水工程中的水源工程）和其他大型独立建筑物，包

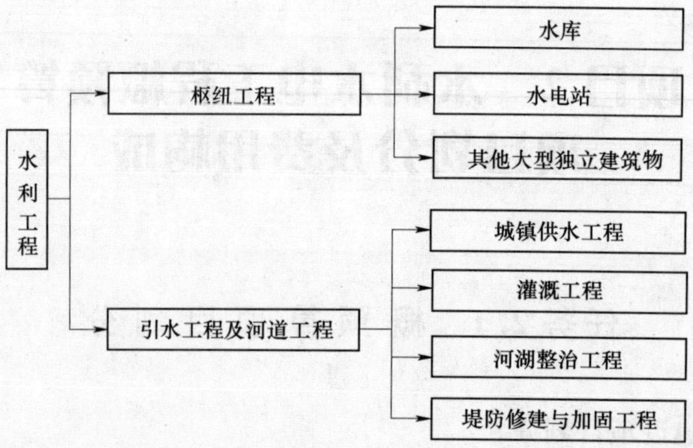

图2.1　水利工程分类

括挡水工程、泄洪工程、引水工程、发电厂工程、升压变电站工程、航运工程、鱼道工程、交通工程、房屋建筑工程和其他建筑工程。其中，挡水工程等前七项为主体建筑工程，后三项为一般建筑工程。

1）挡水工程。包括挡水的各类坝（闸）工程。

2）泄洪工程。包括溢洪道、泄洪洞、冲砂孔（洞）、放空洞等工程。

3）引水工程。包括发电引水明渠、进水口、隧洞、调压井、高压管道等工程。

4）发电厂工程。包括地面、地下各类发电厂工程。

5）升压变电站工程。包括升压变电站、开关站等工程。

6）航运工程。包括上下游引航道、船闸、升船机等工程。

7）鱼道工程。根据枢纽建筑物布置情况，可独立列项。与拦河坝相结合的，也可作为拦河坝工程的组成部分。

8）交通工程。包括上坝、进厂、对外等场内外永久公路、桥涵、铁路、码头等交通工程。

9）房屋建筑工程。包括为生产运行服务的永久性辅助生产建筑、仓库、办公、生活及文化福利等房屋建筑和室外工程。

10）其他建筑工程。包括内外部观测工程，动力线路（厂坝区），照明线路，通信线路，厂坝区及生活区供水、供热、排水等公用设施工程，厂坝区环境建设工程，水情自动测报工程及其他。

（2）引水工程及河道工程

引水工程及河道工程是指供水、灌溉、河湖整治、堤防修建与加固工程，包括供水、灌溉渠（管）道、河湖整治与堤防工程、建筑物工程（水源工程除外）、交通工程，房屋建筑工程、供电设施工程和其他建筑工程。

1）供水、灌溉渠（管）道、河湖整治与堤防工程。包括渠（管）道工程、清淤疏浚工程、堤防修建与加固工程等。

2）建筑物工程。包括泵站、水闸、隧洞工程、渡槽、倒虹吸、跌水、小水电站、排水沟（涵）、调蓄水库工程等。

3）交通工程。指永久性公路、铁路、桥梁、码头等工程。

4）房屋建筑工程。包括为生产运行服务的永久性辅助生产建筑、仓库、办公、生活及文化福利等房屋建筑和室外工程。

5）供电设施工程。指为工程生产运行供电需要架设的输电线路及变配电设施工程。

6）其他建筑工程。包括内外部观测工程，照明线路，通信线路，厂坝（闸、泵站）区及生活区供水、供热、排水等公用设施工程，工程沿线或建筑物周围环境建设工程，水情自动测报工程及其他。

2. 机电设备及安装工程

（1）枢纽工程。指构成枢纽工程固定资产的全部机电设备及安装工程。由发电设备及安装工程、升压变电设备及安装工程和公用设备及安装工程三项组成。

1）发电设备及安装工程。包括水轮机、发电机、主阀、起重机、水力机械辅助设备、电气设备等设备及安装工程。

2）升压变电设备及安装工程。包括主变压器、高压电气设备、一次拉线等设备及安装工程。

3）公用设备及安装工程。包括通信设备，通风采暖设备，机修设备，计算机监控系统，管理自动化系统，全厂接地及保护网，电梯，坝区馈电设备，厂坝区及生活区供水、排水、供热设备，水文、泥沙监测设备，水情自动测报系统设备，外部观测设备，消防设备，交通设备等设备及安装工程。

（2）引水工程及河道工程。指构成该工程固定资产的全部机电设备及安装工程。一般由泵站设备及安装工程、小水电站设备及安装工程、供变电工程和公用设备及安装工程四项组成。

1）泵站设备及安装工程。包括水泵、电动机、主阀、起重设备、水力机械辅助设备、电气设备等设备及安装工程。

2）小水电站设备及安装工程。其组成内容可参照枢纽工程的发电设备及安装工程和升压变电设备及安装工程。

3）供变电工程。包括供电、变配电设备及安装工程。

4）公用设备及安装工程。包括通信设备，通风采暖设备，机修设备，计算机监控系统，管理自动化系统，全厂接地及保护网，坝（闸、泵站）区馈电设备，厂坝（闸、泵站）区供水、排水、供热设备，水文、泥沙监测设备，水情自动测报系统设备，外部观测设备，消防设备，交通设备等设备及安装工程。

3. 金属结构设备及安装工程

金属结构设备及安装工程指构成枢纽工程和其他水利工程固定资产的全部金属结构设备及安装工程，包括闸门、启闭机、拦污栅、升船机等设备及安装工程，压力钢管制作及安装工程和其他金属结构设备及安装工程。

金属结构设备及安装工程项目要与建筑工程项目相对应。

4. 施工临时工程

施工临时工程指为辅助主体工程施工所必须修建的生产和生活用临时性工程，组成内容如下：

(1) 导流工程。包括导流明渠、导流洞、施工围堰、蓄水期下游断流补偿设施、金属结构设备及安装工程等。

(2) 施工交通工程。包括施工现场内外为工程建设服务的临时交通工程，如公路、铁路、桥梁、施工支洞、码头、转运站等。

(3) 施工场外供电工程。包括从现有电网向施工现场供电的高压输电线路（枢纽工程：35kV及以上等级；引水工程及河道工程：10kV及以上等级）和施工变（配）电设施（场内除外）工程。

(4) 施工房屋建筑工程。指工程在建设过程中建造的临时房屋，包括施工仓库、办公及生活、文化福利建筑及所需的配套设施工程。

(5) 其他施工临时工程。指除施工导流、施工交通、施工场外供电、施工房屋建筑、缆机平台以外的施工临时工程，主要包括施工供水（大型泵房及干管）、砂石料系统、混凝土拌和浇注系统、大型机械安装拆卸、防汛、防冰、施工排水、施工通信、施工临时支护设施（含隧洞临时钢支撑）等工程。

5. 独立费用

独立费用由建设管理费、生产准备费、科研勘测设计费、建设及施工场地征用费和其他五项组成。

(1) 建设管理费。包括项目建设管理费、工程建设监理费和联合试运转费。

(2) 生产准备费。包括生产及管理单位提前进厂费、生产职工培训费、管理用具购置费、备品备件购置费、工器具及生产家具购置费。

(3) 科研勘测设计费。包括工程科学研究试验费和工程勘测设计费。

(4) 建设及施工场地征用费。包括永久和临时征地所发生的费用。

(5) 其他。包括定额编制管理费、工程质量监督费、工程保险费、其他税费。

任务2.2　费用构成及计算程序

2.2.1　水利工程建设项目费用构成

水利工程建设项目费用由工程费（建筑工程费、安装工程费、设备费）、独立费用、预备费、建设期融资利息组成，具体如图2.2所示。

2.2.2　水利工程概预算编制程序

水利建设项目有其独有的特点，由此决定了水利工程概预算的编制程序与一般建设项目不同，具体编制程序如图2.3所示。

(1) 了解熟悉工程概况。编制概预算前，先要充分熟悉工程基本概况，以便较好地开展下一步工作。工程概况内容包括工程所属流域、河系，兴建地点，工程地质条件，对外交通条件，工程规模，工程布置型式，施工组织设计方案等。

(2) 收集分析基本资料。基本资料主要包括设计成果、图样，各种现场资料，选用的定额，其他编制所需的基础资料（人工工资标准、材料市场价格、设备价格等），特别是新技术、新工艺、新定额、补充定额的收集与分析。

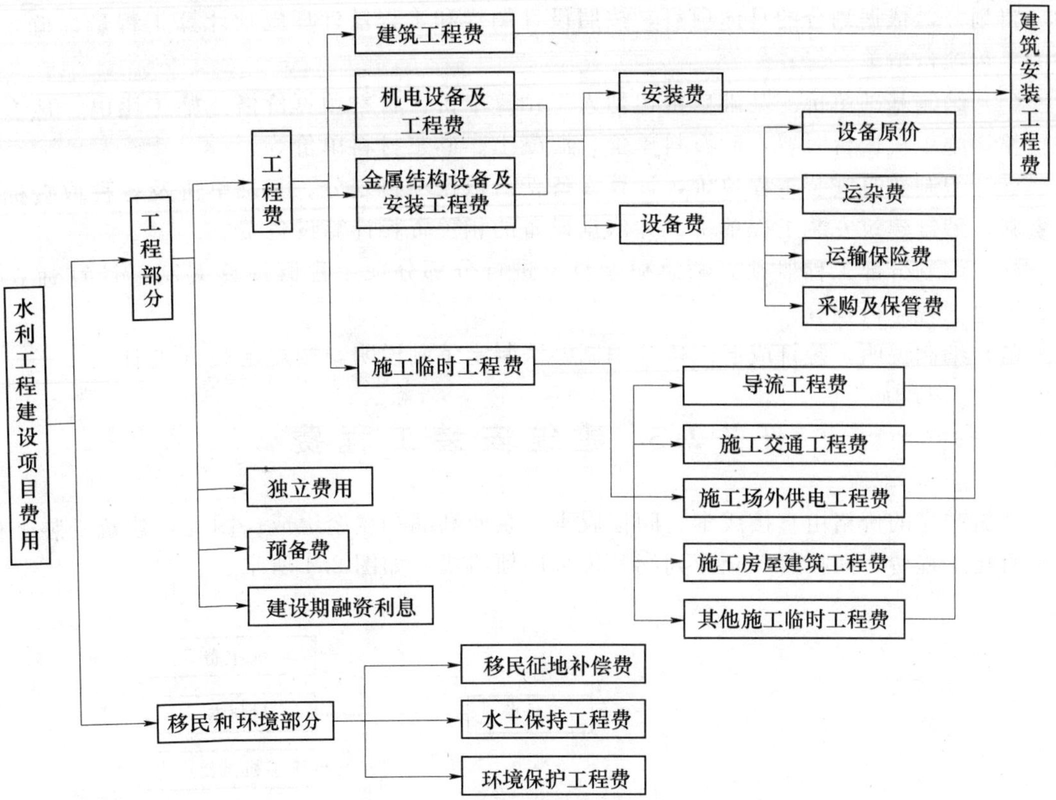

图 2.2　水利工程建设项目费用构成

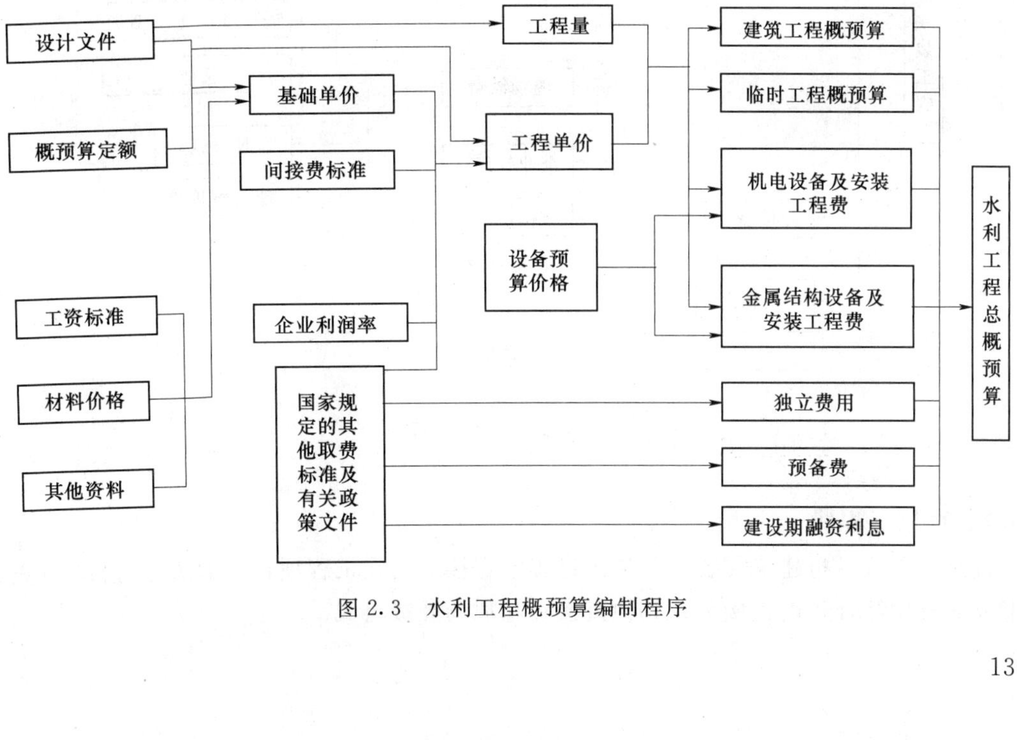

图 2.3　水利工程概预算编制程序

（3）划分工程项目，计算工程量。依据水利水电建设项目划分办法，对工程进行详细的项目划分，依据划分的具体项目，按照设计图样和工程量计算规则计算工程量，确定详细的工程项目清单。

（4）编制基础单价。基础单价包括人工预算单价，材料预算价格，施工用电、风、水的价格，施工机械台时费，砂石料单价，混凝土、砂浆材料单价等。

（5）编制建筑安装工程单价，计算设备费。依据项目划分、基础单价及各种取费标准等资料，编制建筑安装工程单价，并依据设备的相关资料计算设备费。

（6）编制分部工程概预算和总概预算。进行分部分项工程概预算编制，计算独立费用，汇总工程总概预算。

（7）编制说明，装订成册。依据编制办法制定编制说明，按规定装订成册。

任务2.3　建筑安装工程费

建筑产品的价格由直接成本、间接成本、企业利润和税金组成。因此，建筑安装工程费由直接工程费、间接费、企业利润和税金四项组成，如图2.4所示。

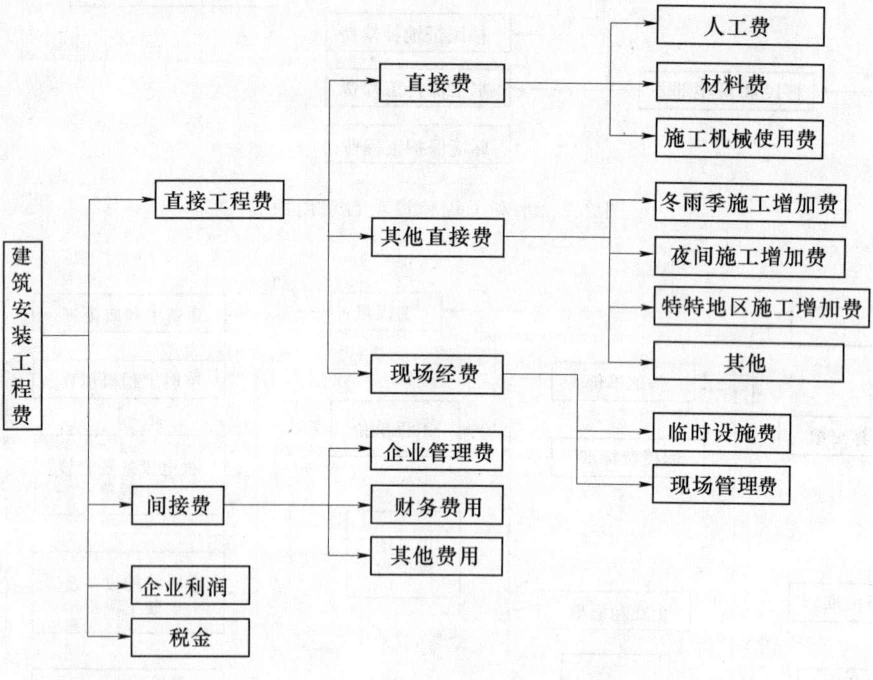

图2.4　建筑安装工程费构成

2.3.1　直接工程费

直接工程费是指建筑安装工程施工过程中直接消耗在工程项目上的活劳动和物化劳动所形成的费用综合，由直接费、其他直接费和现场经费组成。

2.3.1.1 直接费

直接费包括人工费、材料费和施工机械使用费。

1. 人工费

人工费是指直接从事建筑安装工程施工的生产工人开支的各项费用，包括基本工资、辅助工资和工资附加费。

（1）基本工资。由岗位工资、年功工资以及年应工作天数内非作业天数的工资组成。

1）岗位工资。指按照职工所在岗位各项劳动要素测评结果确定的工资。

2）年功工资。指按照职工工作年限确定的工资，随工作年限增加而逐年累加。

3）生产工人年应工作天数以内非作业天数的工资，包括职工开会学习、培训期间的工资，调动工作、探亲、休假期间的工资，因气候影响的停工工资，女工哺乳期间的工资，病假在 6 个月以内的工资及产、婚、丧假期的工资。

（2）辅助工资。指在基本工资之外，以其他形式支付给职工的工资性收入，包括根据国家有关规定属于工资性质的各种津贴，主要包括地区津贴、施工津贴、夜餐津贴、节日加班津贴等。

（3）工资附加费。指按照国家规定提取的职工福利基金、工会经费、养老保险费、医疗保险费、工伤保险费、职工失业保险基金和住房公积金。

2. 材料费

材料费是指用于建筑安装工程项目上的消耗性材料、装置性材料和周转性材料摊销费，包括定额工作内容规定应计入的未计价材料和计价材料。

材料预算价格一般包括材料原价、包装费、运杂费、运输保险费和采购及保管费五项。

（1）材料原价。指材料指定交货地点的价格。

（2）包装费。指材料在运输和保管过程中的包装费和包装材料的折旧摊销费。

（3）运杂费。指材料从指定交货地点至工地分仓库或相当于工地分仓库（材料堆放场）所发生的全部费用，包括运输费、装卸费、调车费及其他杂费。

（4）运输保险费。指材料在运输途中的保险费。

（5）采购及保管费。指材料在采购、供应和保管过程中所发生的各项费用。主要包括材料的采购、供应和保管部门工作人员的基本工资、辅助工资、工资附加费、教育经费、办公费、差旅交通费及工具用具使用费；仓库、转运站等设施的检修费、固定资产折旧费、技术安全措施费和材料检验费；材料在运输、保管过程中发生的损耗等。

3. 施工机械使用费

施工机械使用费是指消耗在建筑安装工程项目上的机械磨损、维修和动力燃料费用等，包括折旧费、修理及替换设备费、安装拆卸费、机上人工费和燃料动力费等。

（1）折旧费。指施工机械在规定使用年限内回收原值的台时折旧摊销费用。

（2）修理及替换设备费。修理费指施工机械使用过程中，为了使机械保持正常功能而进行修理所需的摊销费用和机械正常运转及日常保养所需的润滑油料、擦拭用品的费用以及保管机械所需的费用。

替换设备费指施工机械正常运转时所耗用的替换设备及随机使用的工具附具等摊销费用。

(3) 安装拆卸费。指施工机械进出工地的安装、拆卸、试运转和场内转移及辅助设施的摊销费用。部分大型施工机械的安装拆卸费不在其施工机械使用费中计列，包含在其他施工临时工程中。

(4) 机上人工费。指施工机械使用时机上操作人员人工费用。

(5) 燃料动力费。指施工机械正常运转时所耗用的风、水、电、油和煤等费用。

2.3.1.2 其他直接费

其他直接费包括冬雨季施工增加费、夜间施工增加费、特殊地区施工增加费和其他费用。

1. 冬雨季施工增加费

冬雨季施工增加费是指在冬雨季施工期间为保证工程质量和安全生产所需增加的费用，包括增加施工工序，增设防雨、保温、排水等设施增耗的动力、燃料、材料以及因人工、机械效率降低而增加的费用。

具体计算方法根据不同地区，按直接费的百分率计算：

①西南、中南、华东区，0.5%～1.0%，按规定不计冬季施工增加费的地区取小值，计算冬季施工增加费的地区可取大值；②华北区，1.0%～2.5%，内蒙古等较严寒地区可取大值，其他地区取中值或小值；③西北、东北区，2.5%～4.0%，陕西、甘肃等省取小值，其他地区可取中值或大值。

2. 夜间施工增加费

夜间施工增加费是指施工场地和公用施工道路的照明费用，按直接费的百分率计算，其中建筑工程为0.5%，安装工程为0.7%。其中地下照明工程费已计入定额内，照明线路工程费用包含在“临时设施费”中；施工附属企业系统、加工厂、车间的照明，列入相应的产品中，均不包含在本项费用之内。

3. 特殊地区施工增加费

特殊地区施工增加费是指在高海拔和原始森林等特殊地区施工而增加的费用，其中高海拔地区的增加费，按规定直接进入定额；其他特殊增加费（如酷热、风沙），应按工程所在地区规定的标准计算，地方没有规定的不得计算此项费用。

4. 其他

其他费用包括施工工具用具使用费，检验试验费，工程定位复测、工程点交、竣工场地清理、工程项目及设备仪表移交生产前的维护观察费等。其中，施工工具用具使用费指施工生产所需，但不属于固定资产的生产工具，检验、试验用具等的购置、摊销和维护费。检验试验费指对建筑材料、构件和建筑安装物进行一般鉴定、检查所发生的费用，包括自设实验室所耗用的材料和化学药品费用，以及技术革新和研究试验费，不包括新结构、新材料的试验费和建设单位要求对具有出厂合格证明的材料进行试验、对构件进行破坏性试验，以及其他特殊要求检验试验的费用。

具体计算按直接费的百分率计算，其中建筑工程为1.0%，安装工程为1.5%。

2.3.1.3 现场经费

现场经费包括临时设施费和现场管理费两项。

1. 临时设施费

临时设施费是指施工企业为进行建筑安装工程施工所必需的但又未被划入施工临时工程的临时建筑物、构筑物和各种临时设施的建设、维修、拆除、摊销等费用。如供风、供水（支线）、供电（场内）、夜间照明、供热系统及通信支线，土石料场，简易砂石料加工系统，小型混凝土拌和浇注系统，木工、钢筋、机修等辅助加工厂，混凝土预制构件厂，场内施工排水，场地平整、道路养护及其他小型临时设施。

2. 现场管理费

(1) 现场管理人员的基本工资、辅助工资、工资附加费和劳动保护费。

(2) 办公费。指现场办公用具、印刷、邮电、书报、会议、水、电、烧水和集体取暖（包括现场临时宿舍取暖）用燃料等费用。

(3) 差旅交通费。指现场职工因公出差期间的差旅费、误餐补助费，职工探亲路费，劳动力招募费，职工离退休、退职一次性路费，工伤人员就医路费，工地转移费以及现场职工使用的交通工具运行费、养路费及牌照费。

(4) 固定资产使用费。指现场管理使用的属于固定资产的设备、仪器等的折旧、大修理、维修费或租赁费等。

(5) 工具用具使用费。指现场管理使用的不属于固定资产的工具、器具、家具、交通工具和检验、试验、测绘、消防用具等的购置、维修和摊销费。

(6) 保险费。指施工管理用财产、车辆保险费，高空、井下、洞内、水下、水上作业等特殊工种安全保险费等。

(7) 其他费用。具体计算时，按照其计算基数乘以相关现场经费费率。

根据工程性质不同，现场经费标准分为枢纽工程、引水及河道工程两部分标准，见表2.1和表2.2。对于有些施工条件复杂、大型建筑物较多的引水工程，可执行枢纽工程的费率标准。

表 2.1　　枢纽工程现场经费费率表

序号	工程类别	计算基础	现场经费费率/%		
			合计	临时设施费	现场管理费
一	建筑工程				
1	土石方工程	直接费	9	4	5
2	砂石备料工程（自采）	直接费	2	0.5	1.5
3	模板工程	直接费	8	4	4
4	混凝土浇筑工程	直接费	8	4	4
5	钻孔灌浆及锚固工程	直接费	7	3	4
6	其他工程	直接费	7	3	4
二	机电、金属结构设备安装工程	人工费	45	20	25

表2.2　　引水工程及河道工程现场经费费率表

序　号	工　程　类　别	计算基础	现场经费费率/%		
			合计	临时设施费	现场管理费
一	建筑工程				
1	土方工程	直接费	4	2	2
2	石方工程	直接费	6	2	4
3	模板工程	直接费	6	3	3
4	混凝土浇筑工程	直接费	6	3	3
5	钻孔灌浆及锚固工程	直接费	7	3	4
6	疏浚工程	直接费	5	2	3
7	其他工程	直接费	5	2	3
二	机电、金属结构设备安装工程	人工费	45	20	25

注　若自采砂石料，则费率标准同枢纽工程。

2.3.2　间接费

间接费是指施工企业为建筑安装工程施工而进行组织与经营管理所发生的各项费用。它构成产品成本，由企业管理费、财务费用和其他费用组成。

2.3.2.1　企业管理费

企业管理费是指施工企业为组织施工生产经营活动所发生的费用。

(1) 管理人员基本工资、辅助工资、工资附加费和劳动保护费。

(2) 差旅交通费。指施工企业管理人员因公出差、工作调动的差旅费、误餐补助费，职工探亲路费，劳动力招募费，离退休职工一次性路费及交通工具油料、燃料、牌照、养路费等。

(3) 办公费。指企业办公用具、印刷、邮电、书报、会议、水电、燃煤（气）等费用。

(4) 固定资产折旧、修理费。指企业属于固定资产的房屋、设备、仪器等折旧及维修等费用。

(5) 工具用具使用费。指企业管理使用不属于固定资产的工具、用具、家具、交通工具和检验、试验、消防等的摊销及维修费用。

(6) 职工教育经费。指企业为职工学习先进技术和提高文化水平按职工工资总额计提的费用。

(7) 劳动保护费。指企业按照国家有关部门规定标准发放给职工的劳动保护用品的购置费、修理费、保健费、防暑降温费、高空作业及进洞津贴、技术安全措施费以及洗澡用水、饮用水的燃料费等。

(8) 保险费。指企业财产、管理用车辆等保险费用。

(9) 税金。指企业按规定缴纳的房产税、管理用车辆使用税、印花税等。

(10) 其他。包括技术转让费、设计收费标准中未包括的应由施工企业承担的部分施工辅助工程设计费、投标报价费、工程图样资料费及工程摄影费、技术开发费、业务招待费、绿化费、公证费、法律顾问费、审计费、咨询费等。

2.3.2.2 财务费用

财务费用是指施工企业为筹集资金而发生的各项费用，包括企业经营期间发生的短期融资利息净支出、汇兑净损失、金融机构手续费，企业筹集资金发生的其他财务费用，投标和承包工程发生的保函手续费等。

2.3.2.3 其他费用

其他费用是指企业定额测定费及施工企业进退场补贴费。

间接费的具体计算方法按照其计算基数乘以其相关费率计算。

根据工程性质不同，间接费标准分为枢纽工程、引水工程及河道工程两部分标准，见表 2.3 和表 2.4。对于有些施工条件复杂、大型建筑物较多的引水工程，可执行枢纽工程的费率标准。

表 2.3 枢纽工程间接费费率表

序 号	工 程 类 别	计算基础	间接费费率/%
一	建筑工程		
1	土石方工程	直接工程费	9 (8)
2	砂石备料工程（自采）	直接工程费	6
3	模板工程	直接工程费	6
4	混凝土浇筑工程	直接工程费	5
5	钻孔灌浆及锚固工程	直接工程费	7
6	其他工程	直接工程费	7
二	机电、金属结构设备安装工程	人工费	50

注 1. 工程类别划分同现场经费。

2. 若土石方填筑等工程项目所利用原料为已计取现场经费、间接费、企业利润和税金的砂石料，则其间接费费率选取括号中的数值。

表 2.4 引水工程及河道工程间接费费率表

序 号	工 程 类 别	计算基础	间接费费率/%
一	建筑工程		
1	土方工程	直接工程费	4
2	石方工程	直接工程费	6
3	模板工程	直接工程费	6
4	混凝土浇筑工程	直接工程费	4
5	钻孔灌浆及锚固工程	直接工程费	7
6	疏浚工程	直接工程费	5
7	其他工程	直接工程费	5
二	机电、金属结构设备安装工程	人工费	50

注 1. 工程类别划分同现场经费。

2. 若工程自采砂石料，则费率标准同枢纽工程。

2.3.3　企业利润

企业利润按直接工程费和间接费之和的 7%计算。

2.3.4　税金

税金是指国家对施工企业承担建筑、安装工程作业收入所征收的营业税、城市维护建设税和教育费附加。

为了计算简便，在编制概算时，可按下列公式和税率计算：

$$税金=(直接工程费+间接费+企业利润)\times 税率$$

其中税率标准：建设项目在市区的取 3.41%；建设项目在县城、乡镇的取 3.35%；建设项目在市区或县城、乡镇以外的取 3.22%。

任务 2.4　设　　备　　费

设备费由设备原价、运杂费、运输保险费、采购及保管费组成。

2.4.1　设备原价

（1）国产设备，其原价指出厂价。

（2）进口设备，以到岸价和进口征收的税金、手续费、商检费及港口费等各项费用之和为原价。

（3）大型机组分瓣运至工地后的拼装费用，应包括在设备原价内。

2.4.2　运杂费

设备运杂费指设备由厂家运至工地安装现场所发生的一切运杂费用，包括运输费、调车费、装卸费、包装绑扎费、大型变压器充氮费及可能发生的其他杂费。

2.4.3　运输保险费

运输保险费是指设备在运输过程中的保险费用。

2.4.4　采购及保管费

采购及保管费指建设单位和施工企业在负责设备的采购、保管过程中发生的各项费用。

（1）采购保管部门工作人员的基本工资、辅助工资、工资附加费、劳动保护费、教育经费、办公费、差旅交通费、工具用具使用费等。

（2）仓库、转运站等设施的运行费、维修费、固定资产折旧费、技术安全措施费和设备的检验、试验费等。

任务 2.5　独　立　费　用

独立费用由建设管理费、生产准备费、科研勘测设计费、建设及施工场地征用费和其他组成，如图 2.5 所示。

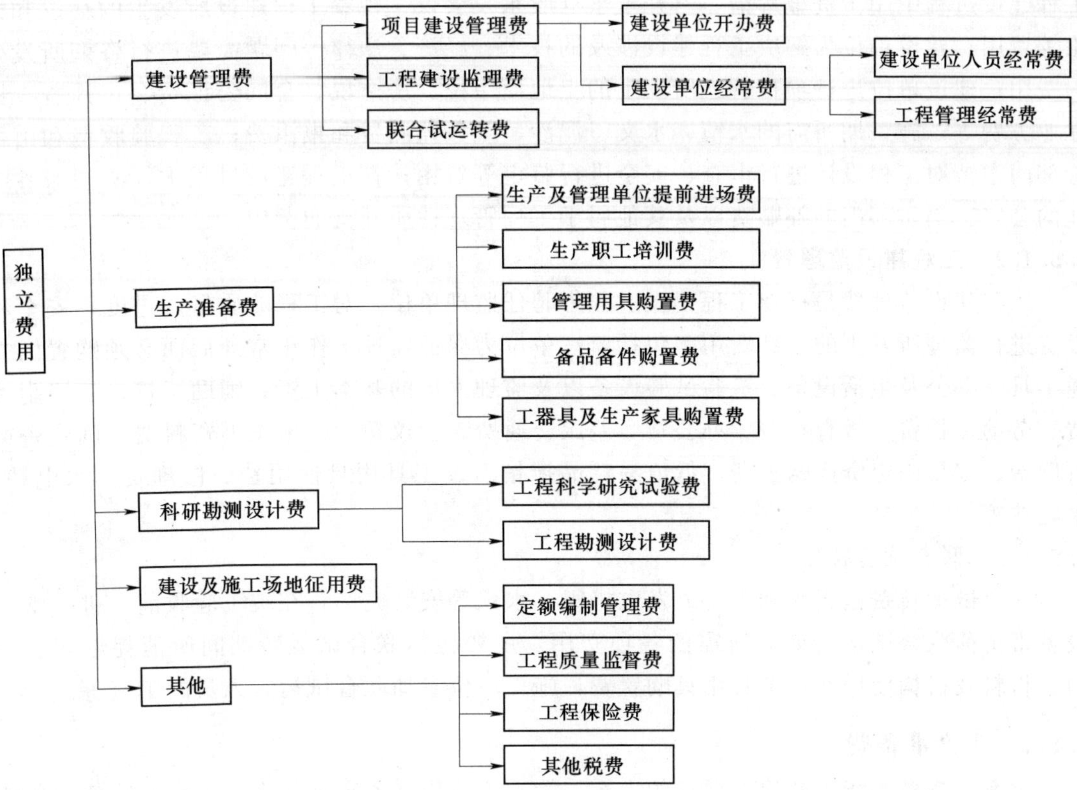

图 2.5 独立费用

2.5.1 建设管理费

建设管理费是指建设单位在工程项目筹建和建设期间进行管理工作所需的费用，包括项目建设管理费、工程建设监理费和联合试运转费。

2.5.1.1 项目建设管理费

项目建设管理费包括建设单位开办费和建设单位经常费。

1. 建设单位开办费

指新组建的工程建设单位为开展工作所必须购置的办公及生活设施、交通工具等，以及其他用于开办工作的费用。

2. 建设单位经常费

包括建设单位人员经常费和工程管理经常费。

（1）建设单位人员经常费。指建设单位从批准组建之日起至完成该工程建设管理任务之日止，需开支的经常费用，主要包括工作人员的基本工资、辅助工资、工资附加费、劳动保护费、教育经费、办公费、差旅交通费、会议费、交通车辆使用费、技术图书资料费、固定资产折旧费、零星固定资产购置费、低值易耗品摊销费、工具用具使用费、修理费、水电费、采暖费等。

（2）工程管理经常费。指建设单位从筹建到竣工期间所发生的各种管理费用，包括该工程建设过程中用于资金筹措、召开董事（股东）会议、视察工程建设所发生的会议和差旅等费用；建设单位为解决工程建设涉及的技术、经济、法律等问题需要进行咨询所发生的费用；建设单位进行项目管理所发生的土地使用税、房产税、合同公证费、审计费、招标业务费等；施工期所需的水情、水文、泥沙、气象监测费和报汛费；工程验收费和由主管部门主持对工程设计进行审查、安全进行鉴定等费用；在工程建设过程中，必须派驻工地的公安、消防部门的补贴费以及其他属于工程管理性质开支的费用。

2.5.1.2　工程建设监理费

工程建设监理费是指在工程建设过程中聘任监理单位，对工程的质量、进度、安全和投资进行监理所发生的全部费用，包括监理单位为保证监理工作正常开展而必须购置的交通工具、办公及生活设备、检验试验设备以及监理人员的基本工资、辅助工资、工资附加费、劳动保护费、教育经费、办公费、差旅交通费、会议费、技术图书资料费、固定资产折旧费、零星固定资产购置费、低值易耗品摊销费、工具用具使用费、修理费、水电费、采暖费等。

2.5.1.3　联合试运转费

联合试运转费是指水利工程的发电机组、水泵等安装完毕，在竣工验收前，进行整套设备带负荷联合试运转期间所需的各项费用，主要包括联合试运转期间所消耗燃料、动力、材料及机构使用费，工具用具购置费，施工单位参加联合试运转人员的工资等。

2.5.2　生产准备费

生产准备费是指水利建设项目的生产、管理单位为准备正常的生产运行或管理发生的费用，包括生产及管理单位提前进厂费、生产职工培训费、管理用具购置费、备品备件购置费和工器具及生产家具购置费。

（1）生产及管理单位提前进场费。指在工程完工之前，生产、管理单位有一部分工人、技术人员和管理人员提前进场进行生产筹备工作所需的各项费用，包括提前进场人员的基本工资、辅助工资、工资附加费、劳动保护费、教育经费、办公费、差旅交通费、会议费、技术图书资料费、零星固定资产购置费、低值易耗品摊销费、工具用具使用费、修理费、水电费、采暖费等，以及其他属于生产筹建期间应开支的费用。

（2）生产职工培训费。指工程在竣工验收之前，生产及管理单位为保证生产、管理工作能顺利进行，需对工人、技术人员和管理人员进行培训所发生的费用，包括基本工资、辅助工资、工资附加费、劳动保护费、差旅交通费、实习费，以及其他属于职工培训应开支的费用。

（3）管理用具购置费。指为保证新建项目的正常生产和管理所必须购置的办公和生活用具等费用，包括办公室、会议室、资料档案室、阅览室、文娱室、医务室等公用设施需要配置的家具器具。

（4）备品备件购置费。指工程在投产运行初期，由于易损件损耗和可能发生的事故，必须准备的备品备件和专用材料的购置费，不包括设备价格中配备的备品备件。

（5）工器具及生产家具购置费。指按设计规定，为保证初期生产正常运行所必须购置的不属于固定资产标准的生产工具、器具、仪表、生产家具等的购置费，不包括设备价格中已包含的专用工具。

2.5.3 科研勘测设计费

科研勘测设计费是指为工程建设所需的科研、勘测和设计等费用，包括工程科学研究试验费和工程勘测设计费。

（1）工程科学研究试验费。指在工程建设过程中，为解决工程技术问题而进行必要的科学研究试验所需的费用。

（2）工程勘测设计费。指工程从项目建设书开始至以后各设计阶段发生的勘测费、设计费。

2.5.4 建设及施工场地征用费

建设及施工场地征用费是指根据设计确定的永久、临时工程征地和管理单位用地所发生的土地补偿费用、应缴纳的耕地占用税等，主要包括征用场地上的林木、作物的赔偿，建筑物迁建及居民迁移费等。

2.5.5 其他

（1）定额编制管理费。指为水利工程定额的测定、编制、管理等所需的费用，该项费用交由定额管理机构安排使用。

（2）工程质量监督费。指为保证工程质量而进行的检测、监督、检查工作等费用。

（3）工程保险费。指工程建设期间，为使工程能在遭受水灾、火灾等自然灾害和意外事故造成损失后得到经济补偿，而对建筑工程、设备及安装工程保险所发生的费用。

（4）其他税费。指按国家规定应缴纳的与工程建设有关的税费。

任务 2.6 预备费、建设期融资利息、静态投资和动态总投资

2.6.1 预备费

2.6.1.1 基本预备费

基本预备费主要是为解决在工程施工过程中，经上级批准的设计变更和国家政策性变动增加的投资及为解决意外事故而采取的措施所增加的工程项目和费用。

具体计算方法：根据工程规模、施工年限和地质条件等不同情况，按工程一至五部分投资合计（依据分年度投资表）的百分率计算。其中可行性研究投资估算基本预备费费率取 10%～12%；项目建议书阶段取 15%～18%；初步设计阶段取 5%～8%。

2.6.1.2 价差预备费

价差预备费主要是为解决在工程项目建设过程中，因人工工资、材料和设备价格上涨以及费用标准调整而增加的投资。

具体计算方法：根据施工年限，以资金流量表的静态投资为计算基数。按照国家发改委根据物价变动趋势适时调整和发布的年物价指数计算。计算公式为

$$E = \sum_{n=1}^{N} F_n[(1+p)^n - 1]$$

式中 E——价差预备费；

N——合理建设工期；

n——施工年度；

F_n——建设期间资金流量表内第 n 年的投资；

p——年物价指数。

具体计算时，可分别计算 E_1，E_2，…，E_N，然后累加即得 E，即

$$E_1=F_1[(1+p)^1-1]$$

$$E_2=F_2[(1+p)^2-1]$$

$$\vdots$$

$$E_N=F_N[(1+p)^N-1]$$

$$E=E_1+E_2+\cdots+E_N$$

2.6.2 建设期融资利息

建设期融资利息是指根据国家财政金融政策，工程在建设期内需偿还并应计入工程投资的融资利息，其计算公式为

$$S=\sum_{n=1}^{N}\left[\left(\sum_{m=1}^{n}F_m b_m-\frac{1}{2}F_n b_n\right)+\sum_{m=1}^{n-1}S_m\right]i$$

式中 S——建设期融资利息；

N——合理建设工期；

n——施工年度；

m——还息年度；

F_n、F_m——建设期间资金流量表内第 n、m 年的投资；

b_n、b_m——各施工年份融资额占当年投资比例；

i——建设期融资年利率；

S_m——第 m 年的付息额度。

具体计算时，可以按照本年度投资计一半利息，年初所有本息全部计息的方法进行，即

$$当年应计利息额=(年初贷款本息累计+\frac{1}{2}\times当年贷款额)\times年利率$$

由此可得

$$S_1=\frac{1}{2}F_1 b_1 i$$

$$S_2=\left(F_1 b_1+S_1+\frac{1}{2}F_2 b_2\right)i$$

$$S_3=\left(F_1 b_1+S_1+F_2 b_2+S_2+\frac{1}{2}F_3 b_3\right)i$$

$$\vdots$$

依此类推，分别计算出利息 S_1，S_2，…，S_N，然后累加，得

$$S=S_1+S_2+\cdots+S_N$$

2.6.3 静态投资

工程建设项目费中，建筑工程费、机电设备及安装工程费、金属结构设备及安装工程费、施工临时工程费、独立费用和基本预备费六项之和构成静态投资。

2.6.4 动态总投资

工程一至五部分投资（建筑工程费、机电设备及安装工程费、金属结构设备及安装工程费、施工临时工程费、独立费用）、基本预备费、价差预备费、建设期融资利息之和构成总投资，即静态投资、价差预备费和建设期融资利息之和。

编制总概算表时，在第五部分独立费用之后，按顺序计列以下项目：①一至五部分投资合计；②基本预备费；③静态总投资；④价差预备费；⑤建设期融资利息；⑥总投资。

复习思考题

1. 水利建设项目的划分方法及其组成内容有哪些？

2. 水利建设项目费用的组成有哪些？

3. 建筑安装工程费的组成有哪些？各组成部分如何计算？

4. 静态投资、动态总投资分别由哪些构成？两者之间有何区别？

5. 某工程贷款总金额为2400万元，各期贷款金额分别为：第一年1000万元，第二年800万元，第三年600万元，年利率4%，年物价指数为3%，复利计，试求该工程项目的价差预备费和建设期融资利息。

项目3 水利水电工程基础单价

任务3.1 人 工 预 算 单 价

人工预算单价是指生产工人在单位时间（工时）的费用，是在编制概预算中计算各种生产工人人工费时所采用的人工费单价，是计算建筑安装工程单价和施工机械使用费中人工费的基础单价。

人工预算单价的组成内容和标准，在不同的时期、不同的部门、不同的地区，都是不相同的。因此，在编制概预算时，必须根据工程所在地区工资类别和现行水利水电施工企业工人工资标准及有关工资性津贴标准，按照国家有关规定，正确地确定生产工人人工预算单价。

3.1.1 人工预算单价组成

人工预算单价由基本工资、辅助工资、工资附加费三部分组成，划分为工长、高级工、中级工、初级工四个档次。

3.1.1.1 基本工资

基本工资包括岗位工资、年功工资和年应工作天数内非作业天数的工资。

（1）岗位工资。指按照职工所在岗位从事的各项劳动要素测评结果确定的工资。

（2）年功工资。指按照职工工作年限确定的工资，随工作年限增加而逐年累加。

（3）生产工人年应工作天数内非作业天数的工资。包括职工开会学习、培训期间的工资，调动工作、休假、探亲期间的工资，因气候影响的停工工资，女工哺乳期间的工资，病假在六个月内的工资以及产假、婚假、丧假等假期的工资。

3.1.1.2 辅助工资

辅助工资是指在基本工资之外，以其他形式支付给职工的工资性收入，指根据国家有关规定属于工资性质的各种津贴，主要包括地区津贴、施工津贴、夜餐津贴、节日加班津贴等。

3.1.1.3 工资附加费

工资附加费是指按照国家规定提取的职工福利基金、工会经费、养老保险费、医疗保险费、工伤保险费、职工失业保险基金和住房公积金。

3.1.2 人工预算单价计算方法

人工预算单价应根据国家有关规定，按工程所在地区的工资区类别和水利水电施工企业工人工资标准并结合水利工程特点等进行计算。执行水利部水总〔2002〕116号文件制定的人工预算单价计算办法。现行人工预算单价包括以下3项12小项内容，以六类工资区为例，其分项计算方法如下。

3.1.2.1 基本工资

基本工资(元/工日)=基本工资标准(元/月)×地区工资系数×12月÷年应工作天数×1.068

3.1.2.2 辅助工资

(1) 地区津贴(元/工日)=津贴标准(元/月)×12÷年应工作天数×1.068

(2) 施工津贴(元/工日)=津贴标准(元/天)×365×95%÷年应工作天数×1.068

(3) 夜餐津贴(元/工日)=(中班津贴标准+夜班津贴标准)÷2×(20%或30%)

(4) 节日加班津贴(元/工日)=基本工资(元/工日)×3×10÷年应工作天数×35%

3.1.2.3 工资附加费

(1) 职工福利基金(元/工日)=[基本工资(元/工日)+辅助工资(元/工日)]×费率标准(%)

(2) 工会经费(元/工日)=[基本工资(元/工日)+辅助工资(元/工日)]×费率标准(%)

(3) 养老保险费(元/工日)=[基本工资(元/工日)+辅助工资(元/工日)]×费率标准(%)

(4) 医疗保险费(元/工日)=[基本工资(元/工日)+辅助工资(元/工日)]×费率标准(%)

(5) 工伤保险费(元/工日)=[基本工资(元/工日)+辅助工资(元/工日)]×费率标准(%)

(6) 职工失业保险基金(元/工日)=[基本工资(元/工日)+辅助工资(元/工日)]×费率标准(%)

(7) 住房公积金(元/工日)=[基本工资(元/工日)+辅助工资(元/工日)]×费率标准(%)

人工工日预算单价计算公式为

人工工日预算单价(元/工日)=基本工资+辅助工资+工资附加费　　(3.1)

人工工时预算单价计算公式为

人工工时预算单价(元/工时)=人工工日预算单价(元/工日)÷日工作时间(工时/工日)　　(3.2)

注：(1) 上述费用计算中的1.068为年应工作天数内非工作天数的工资系数。

(2) 在计算夜餐津贴时，式中百分数的选取方法为：枢纽工程取30%，引水及河道工程取20%。

3.1.3 人工预算单价计算标准

3.1.3.1 有效工作时间

年应工作天数：251工日（全年365天减去双休日104天、法定节日10天）。

日工作时间：8工时/工日。

年非作业天数：每年非工作天数按16天计算。

年有效工作天数：等于年应工作天数减去年非作业天数，为235天。

年应工作天数内非作业天数的工资系数：251÷235=1.068。

3.1.3.2　基本工资

根据国家有关规定和水利部水利企业工资制度改革办法，并结合水利工程特点，分别确定了枢纽工程、引水及河道工程六类工资区分级工资标准。按国家规定享受生活费补贴的特殊地区，可按有关规定计算，并计入基本工资。

（1）基本工资标准。基本工资标准表（六类工资区）见表3.1。

表3.1　　基本工资标准表（六类工资区）　　单位：元/月

序号	名称	枢纽工程	引水及河道工程
1	工长	550	385
2	高级工	500	350
3	中级工	400	280
4	初级工	270	190

注　按国家规定享受生活费补贴的特殊地区，可按有关规定计算，并计入基本工资。

（2）地区工资系数。根据劳动部的规定，六类以上工资区的地区工资系数见表3.2。

表3.2　　与六类工资区对应的各类工资区地区工资系数

工资区类别	地区工资系数	工资区类别	地区工资系数
七类工资区	1.0261	十类工资区	1.1043
八类工资区	1.0522	十一类工资区	1.1304
九类工资区	1.0783		

（3）辅助工资标准。经国家有关部门批准的地区津贴计入辅助工资，各省、自治区、直辖市规定的各种补贴按现行规定不进入人工预算单价。辅助工资标准见表3.3。

表3.3　　辅助工资标准表

序号	项目	枢纽工程	引水及河道工程
1	地区津贴	按国家、省、自治区、直辖市的规定	
2	施工津贴	5.3元/d	3.5～5.3元/d
3	夜餐津贴	4.5元/夜班，3.5元/中班	

注　初级工的施工津贴标准按表中数值的50%计取。

（4）工资附加费标准。工资附加费标准见表3.4。

表3.4　　工资附加费标准表

序号	项目	费率标准/%	
		工长、高级工、中级工	初级工
1	职工福利基金	14	7
2	工会经费	2	1
3	养老保险费	按各省、自治区、直辖市规定	按各省、自治区、直辖市规定的50%
4	医疗保险费	4	2

续表

序 号	项 目	费率标准/%	
		工长、高级工、中级工	初级工
5	工伤保险费	1.5	1.5
6	职工失业保险基金	2	1
7	住房公积金	按各省、自治区、直辖市规定	按各省、自治区、直辖市规定的 50%

注 养老保险费费率一般取 20%以内，住房公积金费率一般取 5%左右。

3.1.4 工程实例分析

【例 3.1】 某城市位于六类地区，兴建一座污水处理泵站工程，无地区津贴，养老保险费费率 20%，住房公积金费率 5%。计算初级工、工长的人工预算单价。

解： 第一步：进行初级工人工预算单价计算。

(1) 基本工资＝270×12÷251×1.068＝13.786(元/工日)

(2) 辅助工资为

地区津贴＝0

施工津贴＝5.3×365×95%÷251×1.068×50%＝3.910(元/工日)

夜餐津贴＝(4.5＋3.5)÷2×30%＝1.200(元/工日)

节日加班津贴＝13.786×3×10÷251×35%＝0.577(元/工日)

辅助工资＝0＋3.910＋1.200＋0.577＝5.687(元/工日)

(3) 工资附加费为

职工福利基金＝(13.786＋5.687)×7%＝1.363(元/工日)

工会经费＝(13.786＋5.687)×1%＝0.195(元/工日)

养老保险费＝(13.786＋5.687)×20%×50%＝1.947(元/工日)

医疗保险费＝(13.786＋5.687)×2%＝0.389(元/工日)

工伤保险费＝(13.786＋5.687)×1.5%＝0.292(元/工日)

职工失业保险基金＝(13.786＋5.687)×1%＝0.195(元/工日)

住房公积金＝(13.786＋5.678)×5%×50%＝0.487(元/工日)

工资附加费＝1.363＋0.195＋1.947＋0.389＋0.292＋0.195＋0.487＝4.868(元/工日)

人工工时预算单价＝13.786＋5.687＋4.868＝24.341(元/工日)，取定为 3.04 元/工时。

第二步：列表进行工长人工预算单价计算，见表 3.5。

表 3.5　工长人工预算单价计算表

序号	六类地区的项目	定额人工等级计算式	工 长单价/元
1	基本工资	550×12÷251×1.068	28.083
2	辅助工资	(1)＋(2)＋(3)＋(4)	10.195
(1)	地区津贴	0	0
(2)	施工津贴	5.3×365×95%÷＋251×1.068	7.820

续表

序号	六类地区的项目	定额人工等级计算式	工长单价/元
(3)	夜餐津贴	(4.5＋3.5)÷2×30％	1.200
(4)	节日加班津贴	28.083×3×10÷251×35％	1.175
3	工资附加费	(1)＋(2)＋(3)＋(4)(5)＋(6)＋(7)	18.567
(1)	职工福利基金	(28.083＋10.195)×14％	5.359
(2)	工会经费	(28.083＋10.195)×2％	0.766
(3)	养老保险费	(28.083＋10.195)×20％	7.657
(4)	医疗保险费	(28.083＋10.195)×4％	1.531
(5)	工伤保险费	(28.083＋10.195)×1.5％	0.574
(6)	职工失业保险基金	(28.083＋10.195)×2％	0.766
(7)	住房公积金	(28.083＋10.195)×5％	1.914
4	人工工日预算单价	1＋2＋3	56.845
5	人工工时预算单价	56.845÷8	7.11

相应地，可计算出各地区不同工种的人工预算单价。表 3.6 列举了六类地区不同工种的人工预算单价（养老保险费费率 20％，住房公积金费率 5％，无地区津贴）。

表 3.6　　六类地区不同工种人工预算单价表　　单位：元/工日

工程类别	枢纽工程		引水及河道工程	
工长	56.84	7.11	39.27	4.91
高级工	52.89	6.61	36.51	4.56
中级工	44.99	5.62	30.98	3.87
初级工	24.34	3.04	16.86	2.11

任务 3.2　材料预算价格

在工程建设过程中，直接为生产某建筑工程而耗用的原材料、半成品、成品、零件等统称为材料。材料是建筑安装工人加工和施工的劳动对象，包括直接消耗在工程中的消耗性材料、构成工程实体的装置性材料和在施工中可重复使用的周转性材料。水利水电工程建设中，材料用量大，材料费是构成建筑安装工程投资的主要组成部分，所占比重很大，一般在 30％以上，有的甚至达到 60％左右。因此，正确计算材料预算价格，对提高工程概预算编制质量、合理确定和有效控制工程造价具有重要意义。

材料预算价格是指材料从购买地运到工地分仓库或相当于工地分仓库的材料堆放场地的出库价格。材料预算价格是计算建筑安装工程单价中材料费的基础单价，在编制过程中，必须进行深入的调查研究，坚持实事求是的原则，按工程所在地编制年价格水平计算。

3.2.1 主要材料与次要材料的划分

在编制材料预算价格时，首先遇到的问题是水利水电工程建设中所使用的材料品种繁多、规格各异，在编制材料的预算价格时没必要也不可能逐一详细计算，而是按其用量的多少及对工程投资的影响程度，将材料划分为主要材料和次要材料，对主要材料逐一详细计算其材料预算价格，而对次要材料则采用简化的方法进行计算。

3.2.1.1 主要材料

主要材料是指在施工中用量大或用量虽小但价格很高，对工程投资影响较大的材料。这类材料的价格应按品种逐一详细计算。主要材料通常是指水泥、钢筋、木材、火工产品、油料（包括汽油、柴油）、砂石料等。

3.2.1.2 次要材料

次要材料又称其他材料，指施工中用量少，对工程投资影响较小的除主要材料外的其他材料，一般包括电焊条、铁钉、铁件等。

次要材料的价格采用简化的方法进行计算，一般参照工程所在地区就近城市定额管理站发布的《市场价格信息》中的材料价格，加运至工地的运杂费用（一般可取预算价格的5%左右）来确定；或采用该材料的市场价，加8%左右的运杂费和采购及保管费计算。没有地区预算价格的材料，由设计单位参照水利工程实际价格水平确定。

需要说明的是，次要材料是相对于主要材料而言的，两者之间并没有严格的界限，要根据工程对某种材料用量的多少及其在工程投资中的比重来确定。如大体积混凝土掺用粉煤灰，或大量采用沥青混凝土防渗的工程，可将粉煤灰、沥青视为主要材料；而对石方开挖量很小的工程，则炸药可不作为主要材料。

3.2.2 主要材料预算价格的组成

主要材料预算价格一般包括材料原价、包装费、运杂费、运输保险费、采购及保管费五项。其中，材料的包装费并不是对每种材料都可能发生，如散装材料不存在包装费，有的材料包装费已计入出厂价。

主要材料预算价格的计算公式为

$$\text{主要材料预算价格}=(\text{材料原价}+\text{包装费}+\text{运杂费})\times(1+\text{采购及保管费费率})+\text{运输保险费} \tag{3.3}$$

3.2.3 主要材料预算价格的编制

在编制材料预算价格之前，需要到有关部门收集相关建筑材料的市场信息。通常需要收集的信息有：工程所在区域建筑材料的市场价格、供应状况、对外交通条件、已建工程的实际经验和资料、国家或地方有关法规等。为了节约资金，降低工程造价，应合理选择材料的供货商、供货地点、供货比例和运输方式等，一般情况下，应考虑就近选择材料来源地。

3.2.3.1 材料原价

材料原价也称材料市场价或交货价格。随着市场经济的发展，材料价格（火工产品除外）已全部放开，一般按工程所在地区就近大的物资供应公司、材料交易中心的市场成交价、设计选定的生产厂家的出厂价或工程所在地建设工程造价管理部门公布的价格信息计算。同一种材料，因产地、供应商家的不同，会有不同的供应价格，需根据市场调查的详细资料，按不同产源地的市场价格和供应比例，采取加权平均方法计算。一般水利工程的主要材料原价可按下述方法确定：

(1) 水泥。水泥产品已全部执行市场价，水泥产品价格由厂家根据市场供求状况和水泥生产成本自主定价。水泥原价为选定厂家的出厂价。如设计采用早强水泥，可按设计确定的比例计入。在可行性研究阶段编制投资估算，水泥原价可统一按袋装水泥价格计算。

(2) 钢材。钢材根据设计所需要的规格品种的市场价计算。如果设计提供品种规格有困难时，钢筋可采用普通 A3 光面钢筋 $\phi16\sim\phi18$mm 比例占 70%、低合金钢 20MnSi$\phi20\sim\phi25$mm 比例占 30%进行计算。各种型钢、钢板的代表规格、型号和比例，可根据设计要求确定。

(3) 木材。凡工程所需木材可由林区储木场直供的工程，原则上均应执行设计所选定的储木场的大宗市场批发价；由工程所在地区木材公司供应的，执行地区木材公司规定的大宗市场批发价。

确定木材原价的代表规格，按二（杉木）、三（松木）类树种各 50%，Ⅰ、Ⅱ等材各占 50%考虑，长度按 2.0～3.8m，原松木径级按 $\phi20\sim\phi28$cm，锯材按中板中枋，杉木径级根据设计由储木场供应情况确定。

(4) 油料。汽油、柴油的原价全部按工程所在地区石油公司的批发价计算。汽油代表规格为 70 号，柴油代表规格按工程所在地区气温条件确定。其中Ⅰ类气温区 0 号柴油占 75%～100%，－10 号、－20 号柴油占 0～25%；Ⅱ类气温区 0 号柴油占 55%～65%，－10 号、－20 号柴油占 35%～45%；Ⅲ类气温区 0 号柴油占 40%～55%，－10 号、－20 号柴油占 45%～60%。Ⅰ类气温区包括广东、广西、云南、贵州、四川、江苏、湖南、浙江、湖北、安徽；Ⅱ类气温区包括河南、河北、山西、山东、陕西、甘肃、宁夏、内蒙古；Ⅲ类气温区包括青海、新疆、西藏、辽宁、吉林、黑龙江。

(5) 火工产品。全部按国家及地方有关规定计算其价格。其中，炸药的代表规格为 2 号岩石铵锑炸药，4 号抗水岩石铵锑炸药，1～9kg/包。

上述五种建筑材料是水利水电工程概预算编制中一般必须编制预算价格的主要材料，在具体工程中需根据工程项目进行增删。

3.2.3.2 包装费

包装费是指为便于材料的运输或为保护材料而进行包装所需的费用，包括厂家所进行的包装以及在运输过程中所进行的捆扎、支撑等费用。凡由生产厂家负责包装并已将包装费计入材料原价的，在计算材料的预算价格时，不再计算包装费。包装费和包装品的价值，因材料品种和厂家处理包装品的方式不同而异，应根据具体情况分别进行计算。

一般情况下，袋装水泥的包装费按规定计入出厂价，不计回收，不计押金，散装水泥有专罐车运输，一般不计包装费；钢材一般不进行包装，特殊钢材存在少量包装费，但与钢材价格相比，所占比重很小，编制预算价格时可忽略不计；木材应按实际发生的情况进行计算；火工产品包装费已包括在出厂价中；油料用油罐车运输，一般不存在包装费。

3.2.3.3 运杂费

运杂费是指材料由产地或交货地点至工地分仓库或相当于工地分仓库的材料堆放场地

所发生的各种运载工具的运输费、调车费、装卸费、出入库费和其他费用。由工地分仓库至各施工点的运输费用已包含在定额内，在材料预算价格中不予计算。

在编制材料预算价格时，应按施工组织设计所选定的材料来源、运输流程（运输方式、运输工具、运输线路和运输里程）以及交通部门和厂家规定的取费标准，计算材料的运杂费。特殊材料或部件运输，要考虑特殊措施费、改造路面和桥梁等费用。

（1）铁路运输费。委托国有铁路部门运输的材料，在国有线路上行驶时，其运杂费一律按交通运输部现行规定计算；属于地方营运的铁路，执行地方的规定。

（2）施工单位自备机车车辆在自营专用线上行驶的运杂费，按列车台时费和台时货运量以及运行维护人员开支摊销费计算。其运杂费计算公式为

$$\text{每吨运杂费}=\frac{\text{机车台时费}+\text{车辆台时费之和}}{\text{每列火车设计载重量}\times\text{装载系数}\times\text{列车每小时行驶次数}}+\text{每吨装卸费}+\text{现场管理人员开支的摊销费(元/t)} \tag{3.4}$$

如果自备机车还要通过国有铁路，还应付给铁路部门过轨费，其运杂费计算公式为

$$\text{每吨运杂费}=\frac{\text{机车台时费}+\text{车辆台时费之和}+\text{列车过轨费}}{\text{每列火车设计载重量}\times\text{装载系数}\times\text{列车每小时行驶次数}}+\text{每吨装卸费}+\text{现场管理人员开支的摊销费(元/t)} \tag{3.5}$$

列车过轨费按交通运输部的规定计算。

（3）公路和水路运杂费。按工程所在省、自治区、直辖市公路部门和航运部门的现行有关规定计算。

在计算材料运杂费时，应注意以下几点：

（1）整车与零担比例。整车与零担比例系指火车运输中整车和零担货物的比例，又称整零比。汽车运输不考虑整零比。在铁路运输方式中，要确定每一种材料运输中的整车与零担比例，据以计算其运费。其比例主要视工程规模大小决定，工程规模大，由厂家直供的份额多，批量就大，整车比例就高。

整车运价较零担低，材料运费的计算中，应以整车运输为主。根据已建大、中型水利水电工程实际情况，水泥、木材、炸药、汽油和柴油等可以全部按整车计算；钢材可考虑一部分零担，其比例大型水利水电工程可按10%～20%、中型工程可按20%～30%选取，如有实际资料，应按实际资料选取。

整零比在实际计算时多以整车或零担所占百分率表示。计算时，按整车和零担所占的百分率加权平均计算运价。计算公式为

$$\text{运价}=\text{整车运价}\times\text{整车量}(\%)+\text{零担运价}\times\text{零担量}(\%) \tag{3.6}$$

（2）装载系数。在实际运输过程中，由于材料批量原因，可能装不满一整车而不能满载；或虽已满载，但因材料堆密度小其运输重量不能达到车皮的标记吨位；或为保证行车安全，对炸药类危险品也不允许满载。这样，就存在实际运输重量与运输车辆标记载重量不同的问题，而交通运输部门是按标记载重量收取费用的（整车运输）。在计算运杂费时，用装载系数来表示，即

$$\text{装载系数}=\text{实际运输量}\div\text{运输车辆标记载重量} \tag{3.7}$$

据统计，火车整车运输装载系数见表3.7，供计算时参考。

表 3.7　火车整车运输装载系数

<table>
<tr><th>序号</th><th colspan="2">材料名称</th><th>单位</th><th>装载系数</th></tr>
<tr><td>1</td><td colspan="2">水泥、油料</td><td>t/车皮 t</td><td>1.00</td></tr>
<tr><td>2</td><td colspan="2">木材</td><td>m³/车皮 t</td><td>0.90</td></tr>
<tr><td>3</td><td rowspan="2">钢材</td><td>大型工程</td><td>t/车皮 t</td><td>0.90</td></tr>
<tr><td>4</td><td>中型工程</td><td>t/车皮 t</td><td>0.80～0.85</td></tr>
<tr><td>5</td><td colspan="2">炸药</td><td>t/车皮 t</td><td>0.65～0.70</td></tr>
</table>

考虑装载系数后的实际运价计算为

$$实际运价=规定运价\div 装载系数 \tag{3.8}$$

汽车运输货物不考虑装载系数。一般货物计费重量均按实际运输重量计算。对每立方米不足333kg的轻浮货物（如油桶），整车运输时，装车高度、宽度和长度不得超过规定限度，以车辆标重计费；零担运输时，以货物包装最高、最宽、最长部分计算体积，按每立方米折重333kg计价。

（3）毛重系数。材料毛重指包括包装品重量的材料运输重量。单位毛重则指单位材料的运输重量。运输部门是按毛重计算运费的，而不是以物资的实际重量计算运费，因此，材料运输费要考虑材料的毛重系数。

$$毛重系数=毛重\div 净重 \tag{3.9}$$

建筑材料中，水泥、钢材和油罐车运输油料的毛重系数为1.0；木材的单位重量与材质有关，一般为0.6～0.8t/m³，毛重系数为1.0；炸药毛重系数为1.17；汽油、柴油采用自备油桶运输时，其毛重系数汽油为1.15，柴油为1.14。

考虑毛重系数后的实际运价为

$$实际运价=规定运价\times 毛重系数 \tag{3.10}$$

综合考虑以上因素，铁路运价可按式（3.11）计算。一个工程有两种以上的对外交通方式时，还需要确定每种材料在各种运输方式中所占的比例，求出加权平均运杂费。修建铁路专用线的工程，在施工初期铁路往往不能通车，在这段期间内的全部运输量都得依靠公路或其他运输方式承担。在确定运量比例时，不要忽略了施工初期的运输方式。

$$\begin{aligned}铁路运价=&\frac{整车规定运价}{装载系数}\times 毛重系数\times 整车比例\\&+零担规定运价\times 毛重系数\times 零担比例\end{aligned} \tag{3.11}$$

3.2.3.4 运输保险费

材料在运输过程中，如需进行保险，就应向保险公司缴纳货物保险费。其计算公式为

$$材料运输保险费=材料原价\times 材料运输保险费费率 \tag{3.12}$$

材料运输保险费费率可按工程所在省、自治区、直辖市或中国人民保险公司的有关规定计算。

3.2.3.5 采购及保管费

采购及保管费是指建设单位和施工单位的材料供应部门在组织材料的采购、运输保管和供应过程中所发生的各项费用。其主要内容包括：

（1）材料采购、供应及保管部门工作人员的基本工资、辅助工资、工资附加费、教育经费、办公费、差旅交通费、劳动保护费及工具用具使用费等项费用。

（2）仓库、转运站等设施的检修费、固定资产折旧费、技术安全措施费以及材料的检验、试验费等。

（3）材料在运输、保管过程中发生的损耗。

材料采购及保管费计算公式为

材料采购保管费＝（材料原价＋包装费＋运杂费）×采购及保管费费率 （3.13）

材料采购及保管费费率按主管部门规定计算，现行规定为3%。

3.2.4 次要材料预算价格

次要材料一般品种较多，其费用在投资中所占比例很小，一般不必逐一详细计算其预算价格。次要材料预算价格可采用工程所在地区就近城市定额预算管理站公布的工业与民用建筑安装工程材料预算价格，加运至工地的运杂费用（一般可取预算价格的5%左右）来确定；或采用该材料的市场价，加8%左右的运杂费和采购及保管费计算。没有地区预算价格的材料，由设计单位参照水利水电工程实际价格水平确定。

3.2.5 基价、限价及调差价

3.2.5.1 基价

为了避免材料市场价格起伏变化，造成间接费、利润相应的变化，有些部门（如工民建和水利主管部门）对主要材料规定了统一的价格，按此价格进入工程单价，计取有关费用，故称为取费价格。这种价格由主管部门发布，在一定时期内固定不变，故又称基价。

3.2.5.2 限价

2002年水利部在颁布的《水利工程设计概（估）算编制规定》中专门指出，西藏等地区，部分材料运输距离较远，预算价格较高，应限价计入工程单价，余额以补差形式计算税金后列入相应部分之后。外购砂、碎（砾）石、块石、料石等预算价格控制在70元/m^3。这种只规定上限的基价，称为规定价或限价。

3.2.5.3 调差价

相对于基价、限价而言，按实际市场价计算出的材料预算价与限价之差称为材料调差价。在计算工程单价时，凡遇到外购砂、碎（砾）石、块石、料石等的工程单价，其材料预算价格如超过限价，应按限价计入工程单价，超过部分以补差形式计算税金后列入相应部分之后。

材料调差价是指工程项目中有限价材料，其实际价格超过限价的材料产生的材料费。此材料费应分为两部分：一部分用定额材料用量乘以材料限价，计入该项材料费中；另一部分只计税金，不计其他费，作为材料调差价列入税金之后，作为第五项。材料调差价的计算公式为

材料调差价＝定额材料用量×（实际价－限价）×（1＋税率）

3.2.6 工程实例分析

【例3.2】 某水利工程水泥由甲水泥厂直供，水泥强度等级为42.5，其中袋装水泥占10%，出厂价为320元/t；散装水泥占90%，出厂价为300元/t。运输路线、运输方式和

各项费用：自水泥厂通过公路运往工地仓库，其中袋装运杂费 25.6 元/t，散装运杂费 16.9 元/t；从仓库至拌和楼由汽车运送，运费为 1.5 元/t；进罐费 1.3 元/t；运输保险费费率按 1%计；采购保管费按 3%计。计算此水利工程用水泥的预算价格。

解：第一步：水泥原价＝袋装水泥市场价×10%＋散装水泥市场价×90%

＝320×10%＋300× 90%＝302(元/t)

第二步：水泥运杂费＝水泥厂至工地仓库运杂费＋工地仓库至拌和楼运杂费＋进罐费

＝25.6×10%＋16.9×90%＋1.5＋1.3＝20.57(元/t)

第三步：水泥运输保险费＝水泥原价×运输保险费费率＝302×1%＝3.02(元/t)

第四步：水泥预算价＝（原价＋包装费＋运杂费）×（1＋采购及保管费费率）＋运输保险费

＝（302＋0＋20.57）×（1＋3%）＋3.02＝335.27(元/t)

【例 3.3】 某水利枢纽工程工地距 A 市 73km，距 B 市火车站 28km。钢筋由省物资站供应 30%，市金属材料公司供应 70%。两供应点供应的钢筋，低合金 20MnSi 螺纹钢占 60%，普通 A3 光面钢筋占 40%（与设计要求一致）。低合金 20MnSi 螺纹钢出厂价为 2400 元/t；普通 A3 光面钢筋出厂价为 2200 元/t。

运输流程。省物资站供应的钢筋用火车运至 B 市火车站，运距 150km，再用汽车运至工地分仓库，运距 28km。A 市金属材料公司供应的钢筋直接由汽车运至工地分仓库，运距 73km。

运输费用。火车运输整车零担比 70：30，整车装载系数 0.8 0。火车运价整车运价 20.00 元/t，零担运价 0.06 元/kg；火车出库装车综合费 4.60 元/t，卸车费 1.6 元/t。汽车运价 0.55 元/(t·km)；汽车装车费 2.00 元/t、卸车费 1.8 元/t。运输保险费费率为 0.8%。毛重系数为 1。计算此水利工程用水泥的预算价格。

解：第一步：进行主要材料运输费用计算，见表 3.8。

表 3.8　　　　主要材料运输费用计算表

编号	1	2	材料名称	钢筋		材料编号	
交货条件	物资站	材料公司	运输方式	火车	汽车	火车	
交货地点			货物等级				
交货比例	30%	70%	装载系数	0.80		70%	30%

编号	运输费用项目	运输起讫地点	运输距离/km	计算公式	合计/元
1	铁路运杂费	物资站—B市站	150	20.00÷0.8×0.7＋0.06×1000×0.3＋4.6＋1.6	41.70
	公路运杂费	B市站—工地	28	0.55×28＋2.00＋1.8	19.20
	综合运杂费				60.90
2	公路运杂费	材料公司—工地	73	0.55×73＋2.00＋1.80	43.95
	综合运杂费				43.95
				60.90×0.3＋43.95×0.7＝49.04	

第二步：求主要材料预算价格。

先分别计算低合金20MnSi螺纹钢和普通A3光面钢筋的预算价格，再按其所占比例求得钢筋的综合预算价格，计算见表3.9。

表3.9 主要材料预算价格计算表

编号	名称及规格	毛重系数	原价/元	运杂费/元	采购及保管费/元	运到工地分仓库价格/元	保险费/元	预算价格/元
1	20MnSi螺纹钢	1.0	2400	49.04	73.47	2522.51	19.2	2541.71
2	普通A3光面钢筋	1.0	2200	49.04	67.47	2316.51	17.6	2334.11
钢筋综合材料预算价格			2541.71×60%+2334.11×40%					2458.67

任务3.3 施工用电、水、风价格

电、水、风在水利水电工程施工中消耗量很大，其预算价格的准确程度直接影响施工机械台时费和工程单价的高低，从而影响工程造价。因此，在编制电、水、风预算单价时，要根据施工组织设计所确定的电、水、风供应方式、布置形式、设备情况和施工企业已有的实际资料分别进行计算。

3.3.1 施工用电价格

施工用电按其用途可分为生产用电和生活用电两部分。生产用电系指施工机械用电、施工照明用电和其他生产用电。生产用电直接计入工程成本。生活用电系指生活文化福利建筑的室内、外照明和其他生活用电。水利水电工程概算中的施工用电电价计算范围仅指生产用电。生活用电不直接用于生产，应在间接费内开支或由职工负担，不在施工用电电价计算范围内。

水利水电工程施工用电的电源有外购电和自发电两种形式。由国家、地方电网或其他电厂供电叫外购电，其中国家电网供电电价低廉，电源可靠，是施工时的主要电源。由施工单位自建发电厂或柴油发电厂供电叫自发电，自发电一般为柴油发电机组供电，成本较高，一般作为施工单位的备用电源或高峰用电时使用。

3.3.1.1 施工用电价格的组成

施工用电价格由基本电价、电能损耗摊销费和供电设施维修摊销费三部分组成。

1. 基本电价

(1) 外购电的基本电价。指按国家或地方的规定由供电部门收取的电价。凡是国家电网供电，执行国家规定的基本电网电价中的非工业标准电价，包括电网电价、电力建设基金、用电附加费及各种加价。由地方电网或其他企业中、小型电网供电的，执行地方电价主管部门规定的电价。

(2) 自发电的基本电价。指施工企业自建发电厂（或自备发电机）的单位成本。自建发电厂一般有柴油发电厂（柴油发电机组）、燃煤发电厂和水力发电厂等。在城市水利工程施工中，施工单位一般自备柴油发电机组或柴油发电机作为备用电源。

柴油发电厂供电，应根据自备电厂所配置的设备，以台时总费用来计算单位电能的成本作为基本电价，可按下式计算

基本电价＝台时总费用÷[台时总发电量×(1－厂用电率)] (3.14)

台时总费用＝柴油发电机组(台)时费＋水泵组(台)时费 (3.15)

台时总发电量＝发电机额定容量之和×发电机出力系数 (3.16)

式中，发电机出力系数根据设备的技术性能和状态选定，一般可取0.8～0.85；厂用电率一般可取4%～6%。

柴油发电机供电如果采用循环冷却水，不用水泵，基本电价的计算公式为

基本电价＝台时总费用÷[台时总发电量×(1－厂用电率)]＋单位循环冷却水费 (3.17)

台时总费用＝柴油发电机组(台)时费 (3.18)

式中，单位循环冷却水费可取0.03～0.05元/(kW·h)；其他同前。

2. 电能损耗摊销费

(1) 外购电的电能损耗摊销费：指从施工企业与供电部门的产权分界处起到现场各施工点最后一级降压变压器低压侧止，所有变配电设备和输配电线路上所发生的电能损耗摊销费。包括由高压电网到施工主变压器高压侧之间的高压输电线路损耗和由主变压器高压侧至现场各施工点最后一级降压变压器低压侧之间的变配电设备及配电线路损耗两部分。

(2) 自发电的电能损耗摊销费：指从施工企业自建发电厂的出线侧至现场各施工点最后一级降压变压器低压侧止，所有变配电设备和输配电线路上发生的电能损耗摊销费。当出线侧为低压供电时，损耗已包括在台时耗电定额内；当出线侧为高压供电时，则应计入变配电设备及线路损耗摊销费。

从最后一级降压变压器低压侧至施工用电点的施工设备和低压配电线路损耗，已包括在各用电施工设备、工器具的台时耗电定额内，电价中不再考虑。

电能损耗摊销费通常用电能损耗率表示。

3. 供电设施维修摊销费

供电设施维修摊销费指摊入电价的变、配电设备的基本折旧费、大修理费、安装拆卸费、设备及输配电线路的移设和运行维护费等。

按现行编制规定，施工场外变、配电设备可计入临时工程，故供电设施维修摊销费中不包括基本折旧费。

供电设施维修摊销费一般可根据经验指标计算。

3.3.1.2 电价计算

1. 外购电电价 [元/(kW·h)]

根据施工组织设计确定的供电方式以及不同电源的电量所占比例，按国家或工程所在省、自治区、直辖市规定的电网电价和加价进行计算。计算公式为

电网供电价格＝基本电价÷(1－高压输电线路损耗率)
÷(1－35kV以下变配电设备及配电线路损耗率)
＋供电设施维修摊销费(变配电设备除外) (3.19)

式中，高压输电线路损耗率可取 4%～6%；变配电设备及配电线路损耗率可取 5%～8%。线路短、用电负荷集中取小值，反之取大值。供电设施维修摊销费可取 0.02～0.03 元/(kW·h)。

2. 自发电电价［元/(kW·h)］

(1) 采用循环冷却水，计算公式为

柴油发电机供电价格＝柴油发电机组(台)时费÷[柴油发电机额定容量之和×发电机出力系数×(1－厂用电率)×(1－变配电设备及配电线路损耗率)]＋供电设施维修摊销费＋单位循环冷却水费　(3.20)

(2) 采用专用水泵供给冷却水，计算公式为

柴油发电机供电价格＝[柴油发电机组(台)时费＋水泵组(台)时费]÷[柴油发电机额定容量之和×发电机出力系数×(1－厂用电率)×(1－变配电设备及配电线路损耗率)]＋供电设施维修摊销费　(3.21)

式中，各指标取值同前。

3. 综合电价［元/(kW·h)］

外购电与自发电的电量比例按施工组织设计确定。同一工程中有两种或两种以上供电方式供电时，综合电价应根据供电比例加权平均计算。

综合电价＝外购电电价×外购电比例＋自发电电价×自发电比例

3.3.1.3　工程实例分析

【例 3.4】 某水利工程施工用电 90%由地方电网供电，10%自备柴油发电机发电。已知电网基本电价为 0.398 元/(kW·h)，高压输电线路损耗率取 5%，变配电设备及配电线路损耗率取 8%，供电设施维修摊销费取 0.03 元/(kW·h)。自备柴油发电机发电，容量 250kW1 台，台时费用 210.68 元/台时；200kW1 台，台时费用 176.22 元/台时；2.2kW 潜水泵 2 台，供给冷却水，每台台时费用 13.52 元/台时；厂用电率取为 5%，发电机出力系数取 0.80。请计算外购电、自发电电价和综合电价。

解：(1)外购电电价＝0.398÷(1－5%)÷(1－8%)＋0.03＝0.485[元/(kW·h)]

(2) 自发电的电价。

台时总费用＝210.68×1＋176.22×1＋13.52×2＝413.94(元)

台班总发电量＝(250＋200)×0.8＝360(kW·h)

基本电价＝413.94÷[360×(1－5%)]＝1.210[元/(kW·h)]

自发电的电价＝1.210÷(1－8%)＋0.03＝1.345[元/(kW·h)]

(3) 综合电价＝1.345×10%＋0.485×90%＝0.571[元/(kW·h)]

取定综合电价为 0.57 元/(kW·h)。

3.3.2　施工用水价格

水利水电工程的施工用水，包括生产用水和生活用水两部分。生产用水指直接进入工程成本的施工用水，主要包括施工机械用水、砂石料筛洗用水、混凝土拌制养护用水、钻

孔灌浆用水、土石坝砂石料压实用水等。生活用水主要指用于职工、家属的饮用和洗涤等的用水。水利水电基本建设工程概预算中施工用水的水价，仅指生产用水的水价。对生产用水计算水价是计算各种用水施工机械台时费用和工程单价的依据。生活用水应由间接费用开支和职工自行负担，不属于施工用水水价计算范畴。如生产、生活用水采用同一系统供水，凡为生活用水而增加的费用（如净化药品费等），均不应摊入生产用水的单价内。生产用水如需分别设置几个供水系统，则可按各系统供水量比例加权平均计算综合水价。

施工时多采用工程所在地自来水公司管路供水，其施工用水价格直接采用居民生活用水价格。如果根据施工组织，施工时需配置供水系统，可按下列方法进行计算。

3.3.2.1　施工用水价格的组成

施工用水价格由基本水价、供水损耗摊销费和供水设施维修摊销费组成。

1. 基本水价

基本水价是根据施工组织设计确定的高峰用水量所配备的供水系统设备（不含备用设备），按台时产量分析计算的单位水量的价格。基本水价是构成水价的基本部分，其高低与生产用水的工艺要求以及施工布置密切相关，如用水需作沉淀处理、扬程高等，则水价高，反之水价就低。

基本水价的计算公式为

基本水价＝水泵组(台)时费÷[水泵额定容量之和(m^3/h)×能量利用系数]　　(3.22)

式中，能量利用系数一般取0.75～0.85。

2. 供水损耗摊销费

水量损耗是指施工用水在储存、输送、处理过程中的水量损失。在计算水价时，水量损耗通常以损耗率的形成表示，计算公式为

损耗率(%)＝损失水量÷水泵总出水量×100%　　(3.23)

供水损耗率的大小与蓄水池及输水管路的设计、施工质量和维修管理水平的高低有直接关系，编制概算时一般可按出水量的8%～12%计取，在预算阶段，如有实际资料，应根据实际资料计算。

3. 供水设施维修摊销费

供水设施维修摊销费是指摊入水价的水池、供水管路等供水设施的单位维护修理费用。一般情况下，该项费用难以准确计算，可按0.02～0.03元/m^3的经验指标摊入水价，大型工程或一、二级供水系统可取大值，中小型工程或多级供水系统可取小值。

3.3.2.2　水价计算

施工用水价格＝基本水价÷(1－损耗率)＋供水设施维修摊销费　　(3.24)

3.3.2.3　水价计算时应注意的问题

(1) 水泵台时总出水量计算，应根据施工组织设计选定的水泵型号、系统的实际扬程和水泵性能曲线确定。

(2) 在计算台时总出水量和台时总费用时，如计入备用水泵的出水量，则台时总费用中亦应包括备用水泵的台时费。如备用水泵的出水量不计，则台时费也不包括。

(3) 供水系统为一级供水，台时总出水量按全部工作水泵的总出水量计算。供水系统为多级供水，则：

1）当全部水量通过最后一级水泵出水，台时总出水量按最后一级工作水泵的出水量计算，但台时总费用应包括所有各级工作水泵的台时费。

2）有部分水量不通过最后一级，而由其他各级分别供水时，要逐级计算水价。

3）当最后一级系供生活用水时，则台时总出水量包括最后一级，但该级台时费不应计算在台时总费用内。

4）施工用水有循环用水时，水价要根据施工组织设计的供水工艺流程计算。

5）同一工程中有两个或两个以上供水系统时，应根据供水比例加权平均计算综合水价。

3.3.2.4 工程实例分析

【例 3.5】 某工程施工生产用水设两个供水系统。甲系统设 3 台 150D30×4 水泵，其中备用 1 台，包括管路损失总扬程 116m，相应出水量 $150m^3/(h \cdot 台)$；乙系统设 3 台 100D45×3 水泵，其中备用 1 台，总扬程 120m，相应出水量 $90m^3/(h \cdot 台)$。两供水系统供水比例为 60∶40，均为一级供水。已知水泵台时费分别为 96 元/台时和 75 元/台时。水量损耗率取 10%，供水设施维修摊销费取 0.03 元/m^3，能量利用系数取 0.8。求综合水价。

解：（1）甲系统的水价＝(96×2)÷[150×2×0.8×(1－10%)]＋0.03＝0.919(元/m^3)

（2）乙系统的水价＝(75×2)÷[90×2×0.8×(1－10%)]＋0.03＝1.187(元/m^3)

（3）综合水价＝0.919×60%＋1.187×40%＝1.026(元/m^3)

取定综合水价为 1.03 元/m^3。

3.3.3 施工用风价格

水利水电工程施工用风主要指在水利水电工程施工过程中用于石方爆破钻孔、混凝土浇筑、基础处理、结构、机电设备安装工程等风动机械所需的压缩空气，如风钻、潜孔钻、振动器、凿岩台车等。施工用风价格是计算各种风动机械台时费的依据。

压缩空气一般由自建压缩系统供给，常用的有固定式空气压缩机和移动式空气压缩机。在大中型工程中，一般都采用多台固定式空气压缩机集中组成压气系统，并以移动式空气压缩机作为辅助。为保证风压，减少管路损耗，顾及施工初期及零星工程用风需要，一般工程多采用分区布置供风系统，这种情况下应按各系统供风量的比例加权平均计算综合风价。

对于工程量小、布局分散的工程，常采用移动式空气压缩机供风，此时可将其与不同施工机械配套，以空气压缩机台时数乘台时费直接计入工程单价，不再单独计算其风价，相应风动机械台时费中不再计算台时耗风价。因此这里所计算的风价是指固定式供风系统的供风价格。

3.3.3.1 施工用风价格的组成与计算

施工用风价格的组成和电价相似，由基本风价、供风损耗摊销费、供风设施维修摊销费组成，计算公式如下。

1. 空气压缩机系统利用水泵供冷却水

$$\text{施工用风价格}=\frac{\text{空气压缩机组(台)时总费用}+\text{水泵组(台)时总费用}}{\text{空气压缩机额定容量之和}\times 60\text{min}\times K\times(1-\text{供风损耗率})}+\text{供风设施维修摊销费} \tag{3.25}$$

2. 空气压缩机系统如采用循环冷却水

$$施工用风价格=\frac{空气压缩机组(台)时总费用}{空气压缩机额定容量之和\times 60\min\times K\times(1-供风损耗率)}+供风设施维修摊销费+单位循环冷却水费 \tag{3.26}$$

式中　K——能量利用系数，取0.70～0.85；

供风损耗率——8%～12%；

单位循环冷却水费——0.005元/m^3；

供风设施维修摊销费——0.002～0.003元/m^3。

3.3.3.2　工程实例分析

【例3.6】　某水利工程供风系统有两个，有关施工用风基本资料见表3.10。

表3.10　　基　本　资　料

项　目	系统一	系统二	项　目	系统一	系统二
空气压缩机容量	40m^3/min1台	20m^3/min3台	单位循环冷却水费/(元/m^3)	0.005	0.005
供风比例/%	30	70	供风设施摊销费/(元/m^3)	0.002	0.002
能量利用系数	0.75	0.80	空气压缩机台时费/(元/台时[1])	132	73
供风损耗/%	10	10			

请计算该工程施工用风综合价格。

解：(1) 系统一的风价为

$$132/[40\times 60\times 0.75\times(1-10\%)]+0.005+0.002=0.088(元/m^3)$$

(2) 系统二的风价为

$$(73\times 3)/[20\times 3\times 60\times 0.80\times(1-10\%)]+0.005+0.002=0.051(元/m^3)$$

(3) 施工用风综合价格为

$$0.088\times 30\%+0.051\times 70\%=0.062(元/m^3)$$

任务3.4　施工机械台时费

施工机械台时费是指一台施工机械在一个工作小时内为使机械正常运行所需支付(损耗)和分摊的各种费用的总和。施工机械使用费以台时为计量单位。台时费是计算建筑安装工程单价中机械使用费的基础单价，应根据施工机械台时费定额及有关规定进行编制。随着水利工程施工机械化程度的提高，施工机械台时费在工程投资中所占比例越来越大，目前已达到20%～30%。因此准确计算施工机械台时费对合理确定工程造价非常重要。

3.4.1 施工机械台时费的组成

施工机械台时费由一类费用和二类费用组成。

3.4.1.1 一类费用

一类费用由基本折旧费、修理及替换设备费（含大修理费、经常性修理费、替换设备费）、安装拆卸费等组成。一类费用在施工机械台时费定额中以金额表示，其大小是按定额编制年的物价水平确定的，因此考虑物价上涨因素，编制台时费时应按主管部门公布的调整系数进行调整。现行部颁《水利工程施工机械台时费定额》一类费用是按2000年物价水平编制的。

（1）基本折旧费。指机械在规定使用期内收回原始价值的台时折旧摊销费用。

（2）修理及替换设备费。指机械使用过程中，为了使机械保持正常功能而进行修理所需的费用、日常保养所需的润滑油料费、擦拭用品费、机械保管费以及替换设备、随机使用的工具附具等所需的台时摊销费。其主要包括：

1）大修理费。指机械使用一定台时，为了使机械保持正常功能而进行大修理所需的台时摊销费用。部分属于大型施工机械的中修费合并入大修理费内一起计列。

2）经常性修理费。包括中修费（属于大型施工机械不包括中修费）、小修费、各级保养费、润滑及擦拭材料费以及保管费等费用的台时摊销费。

3）替换设备费。包括机械需用的蓄电池、变压器、启动器、电线、电缆、电器开关、仪表、轮胎、传动带、输送带、钢丝绳、胶皮管等替换设备和为了保证机械正常运转所需的随机使用的工具附具的摊销、维护费。

（3）安装拆卸费。指机械进出工地的安装、拆卸、试运转和场内转移及辅助设施的摊销费用。其主要内容有：

1）安装前的准备，如设备开箱、检查清扫、润滑及电气设备烘干等所需的费用。

2）设备自场内仓库至安装拆卸地点的往返运输费用和现场范围内的运转费用。

3）设备进、出入工地的安装、调试以及拆除后的整理、清扫和润滑等费用。

4）一般的设备基础开挖、混凝土浇筑和固定锚桩等费用。如因地形条件和施工布置需要进行大量土石方开挖及混凝土浇筑等，应列入临时工程项目。

5）为设备的安装、拆卸所搭设的平台、脚手架、地锚和缆风索等临时设施和施工现场清理等的费用。

不需要安装拆卸的施工机械，台时费中不计列此项费用，例如，自卸汽车、船舶、拖轮等。现行施工机械台时费定额中，凡备注栏内注有“※”的大型施工机械，表示该项定额未计列安装拆卸费，其费用在临时工程中的“其他施工临时工程”中计算，如混凝土搅拌楼、缆索起重机、钢模台车等。

3.4.1.2 二类费用

二类费用在施工机械台时费定额中以工时数量和实物消耗量表示，是施工机械正常运转时机上人工、燃料、动力费用，其数量定额一般不允许调整。但是因工程所在地的人工预算价、材料市场价格各异，所以此项费用按国家规定的人工工资计算办法和工程所在地的物价水平分别计算，又称可变费用。

(1) 机上人工费。指施工机械运转时应配备的机上操作人员预算工资所需的费用。机上人工在台时费定额中以工时数量表示，它包括机械运转时间、辅助时间、用餐、交接班以及必要的机械正常中断时间。机下辅助人员预算工资一般列入工程人工费，不含在内。

(2) 动力、燃料费。指施工机械正常运转时所耗用的各种动力、燃料及各种消耗性材料，包括风（压缩空气）、水、电、汽油、柴油、煤和木柴等所需的费用，定额中以实物消耗量表示。其中，机械消耗电量包括机械本身和最后一级降压变压器低压侧至施工用电点之间的线路损耗，风、水消耗包括机械本身和移动支管的损耗。

3.4.2 施工机械台时费的计算

台时费的计算现执行2002年水利部颁发的《水利工程施工机械台时费定额》及有关规定。

一类费用：按现行部颁规定，以金额形式表示，价格水平为2000年。

二类费用：将定额中的机上人工，燃料、动力消耗材料数量分别对应乘以人工预算单价、材料预算单价，合计值即为二类费用。

计算公式分别为

$$一类费用=定额一类费用金额\times编制年调整系数 \tag{3.27}$$

$$\begin{aligned}二类费用=&定额机上人工工时数\times中级工人工预算单价\\&+\sum(定额动力、燃料消耗量\times动力、燃料预算价格)\end{aligned} \tag{3.28}$$

一类、二类费用之和即为施工机械台时费。

$$施工机械台时费=一类费用+二类费用 \tag{3.29}$$

3.4.3 补充施工机械台时费的编制

当施工组织设计选用的机械在《水利工程施工机械台时费定额》中规格、型号与定额不符或缺项时，需要编制补充机械台时费。当设计选取的施工机械在定额中存在，但其设备容量与现行定额中同类设备不符且位于定额所包含的容量范围之内时，为了与现行定额水平吻合，可按现行定额水平采取直线内插法分别确定各项费用，编制补充机械台时费定额，也可按以下办法编制施工机械台时费。

3.4.3.1 基本折旧费

计算公式为

$$台时基本折旧费=机械预算价格\times(1-残值率)\div机械经济寿命总台时 \tag{3.30}$$

或

$$台时基本折旧费=机械预算价格\times年折旧率\div机械年工作台时 \tag{3.31}$$

$$国产施工机械预算价格=机械原价+运杂费 \tag{3.32}$$

$$残值率=(机械残值-清理费)\div机械预算价格\times100\% \tag{3.33}$$

$$机械经济寿命总台时=经济使用年限\times年工作台时 \tag{3.34}$$

式中，运杂费一般按机械设备原价的5%～7%计算；残值率一般可取4%～5%；机械经济寿命总台时指机械在经济使用期内所运转的总台时数；经济使用年限指国家规定的该种机械从使用到报废的平均工作年数；年工作台时指该种机械在经济使用期内平均每年运行的台时数；进口施工机械预算价格包括到岸价、关税、增值税（或产品税）、调节税、进出口公司手续费、人民币保证金和银行手续费、国内运费等项费用，按国家现行有关规定及实际调查资料计算；公路运输机械（汽车、拖车、公路自行机械）按国务院发布《车辆购置附加费征收办法》的规定，需增加车辆购置附加费。计算公式为

$$公路运输机械预算价格＝车辆出厂价＋运杂费＋车辆购置附加费 \tag{3.35}$$

3.4.3.2　大修理费

计算公式为

$$台时大修理费＝一次大修理费用\times大修次数\div机械经济寿命总台时 \tag{3.36}$$

大修次数是指机械在经济使用期限内需进行大修理的次数，计算公式为

$$大修理次数＝机械经济寿命总台时\div大修理间隔台时-1 \tag{3.37}$$

一次大修理费用可按一次大修所需的人工、材料、机械等进行计算，也可参考实际资料按占机械预算价格的百分率计算。

3.4.3.3　经常性修理费

经常性修理费包括修理费、润滑及擦拭材料费等。

(1) 修理费。包括中修和各级保养，一般按大修理间隔内的平均修理费计算，计算公式为

$$修理费＝大修理间隔期内修理费之和\div大修理间隔台时 \tag{3.38}$$

大修理间隔期内修理费为中修费用、各级保养费用之和。

也可按下式计算

$$经常性修理费＝台时大修理费\times经常性修理费费率 \tag{3.39}$$

$$经常性修理费费率＝\frac{典型机械台时经常性修理费}{典型机械台时大修理费}\times100\% \tag{3.40}$$

(2) 润滑及擦拭材料费。计算公式为

$$台时润滑及擦拭材料费＝机械年润滑及擦拭材料费\div年工作台时 \tag{3.41}$$

其中，润滑油脂的耗用量一般按机械台时耗用燃料油量的百分比计算，柴油机械按6%，汽油机械按5%，面纱头及其他油等耗用量可按实际情况计算。

3.4.3.4　机械保管费

机械保管费是指机械保管部门保管机械所需的费用，包括机械在规定年工作台时以外为保养、维护所需的人工、材料和用品费用。其计算公式为

$$台时保管费＝机械预算价格\div机械年工作台时\times保管费费率 \tag{3.42}$$

保管费费率一般为0.15%～1.5%，其高低与机械预算价格有直接关系。机械预算价格低，保管费费率高；反之亦然。

3.4.3.5　替换设备及工具、附具费

替换设备及工具、附具费是指机械正常运行所需更换的设备工具、附具摊销到台时费

中。计算公式为

$$\text{台时替换设备及工具、附具费}=\text{年替换设备及工具、附具费}\div\text{年工作台时} \tag{3.43}$$

在资料不易取得的情况下，也可按上述占大修理费的百分率的方法计算。

3.4.3.6 安装拆卸及辅助设施费

计算公式为

$$\text{台时安装拆卸及辅助设施费}=\text{台时大修理费}\times\text{安拆费费率} \tag{3.44}$$

$$\text{安拆费费率}=\text{典型机械安装拆卸及辅助设施费}\div\text{典型机械台时大修理费}\times100\% \tag{3.45}$$

特大型和部分大型施工机械的安装拆卸及辅助设施费，不在施工机械台时费中计列，而另列于临时工程中。

以上1～6项费用之和为一类费用。其中的2～6项费用计算较烦琐，资料不易取得，编制补充机械台时费时也可按相似机械相应定额中的各项费用占基本折旧费的比例计算，其中2～5项之和即为修理及替换设备费。

3.4.3.7 机上人工费

计算公式为

$$\text{台时机上人工费}=\text{机上人工工时数}\times\text{人工工时预算单价} \tag{3.46}$$

3.4.3.8 燃料、动力费（油、电、风、水、煤）

（1）内燃机械台时燃料消耗量。计算公式为

$$Q=1(\mathrm{h})\times NGK \tag{3.47}$$

式中 Q——台时燃料消耗量，kg；

N——发动机额定功率，kW；

G——额定耗油量，kg/(kW·h)；

K——发动机综合利用系数，一般取0.20～0.40。

（2）电动机械台时电力消耗量。计算公式为

$$Q=1(\mathrm{h})\times NK \tag{3.48}$$

$$K=K_1\cdot K_2/K_3\cdot K_4 \tag{3.49}$$

式中 Q——台时电力消耗量，kW·h；

N——电动机额定功率，kW；

K——电动机综合利用系数；

K_1——电动机出力系数，一般取0.40～0.60；

K_2——电动机能量利用系数，一般取0.50～0.70；

K_3——低压线路电力损耗系数，一般取0.95；

K_4——平均负荷时电动机有效利用系数，一般取0.78～0.88。

（3）风动机械台时压气消耗量。计算公式为

$$Q=60(\text{min})\times qK \tag{3.50}$$

式中 Q——台时压气消耗量，m^3；

q——风动机械压气消耗量，m^3/min；

K——风动机械综合利用系数，一般可取 0.60～0.70。

（4）蒸汽机械台时水、煤消耗量。计算公式为

$$Q=1(\text{h})\times NGK \tag{3.51}$$

式中 Q——台时水、煤消耗量，kg；

N——蒸汽机额定功率，kW；

G——额定水、煤耗用量，kg/(kW·h)；

K——蒸汽机综合利用系数，机车取 0.14～0.80，锅炉、打桩机取 0.55～0.75。

上述 7、8 两项费用之和为二类费用。一类费用、二类费用之和即为所计算的施工机械台时费。

3.4.4 组合台时费的计算

组合台时（简称组时）是指多台施工机械设备相互衔接或配备形成的机械联合作业系统的台时，组时费是指系统中各机械台时费之和。其计算公式为

$$\text{机械组时费}=\sum\text{机械设备的台时费}\times\text{机械配备的台数} \tag{3.52}$$

3.4.5 工程实例分析

【例 3.7】 某水利工程中中级工人工预算单价为 5.60 元/工时，柴油预算价格为 3.61 元/kg。台时费中一类费用不需调整。请按现行台时费定额计算 15t 自卸汽车的台时费。

解： 第一步：查《水利工程施工机械台时费定额》中编号为 3017 的定额子目（附表 27）得：一类费用中折旧费 42.67 元/台时、修理及替换设备费 29.87 元/台时，一类费用小计为 72.54 元/台时；二类费用中机上人工为 1.3 工时/台时，柴油耗量为 13.1kg/台时。

第二步：计算二类费用。

（1）机上人工费＝1.3×5.60＝7.28(元/台时)

（2）动力燃料费＝13.1×3.61＝47.29(元/台时)

（3）二类费用＝7.28＋47.29＝54.57(元/台时)

第三步：计算 15t 自卸汽车的机械台时费。

15t 自卸汽车的机械台时费＝一类费用＋二类费用＝72.54＋54.57＝127.11(元/台时)

【例 3.8】 某工程用 QTP－80 外爬式塔式起重机，它的基础资料如下：

（1）出厂价 39.6 万元，远杂费率 5%。

（2）设备使用年限 19 年，年工作台时 2000 个，耐用总台时 38000 个，残值率 4%。

（3）大修理次数 2 次，一次大修理费占设备预算价格的 4%。

（4）台时经常性修理费占台时大修理费的 231%。

（5）台时替换设备费占台时大修理费的 88%。

（6）安装拆卸及辅助设施费，按规定单独计算，不列入台时费。

(7) 年保管费占设备预算价格的0.25%。

(8) 燃料、动力费：电动机容量53.4kW（其中主机容量30kW），时间利用系数0.4，能量利用系数0.5，电动机效率0.88，低压线路损耗系数0.95。

(9) 机上人工2个，预算工资5.62元/工时。

(10) 电价0.5元/（kW·h）。

计算QTP-80外爬式塔式起重机台时费。

解：第一步：计算第一类费用。

设备预算价＝396000×(1＋5%)＝415800(元)

(1) 基本折旧费＝415800×(1－4%)÷38000＝10.50(元/台时)

(2) 大修理费＝(415800×4%)×2÷38000＝0.88(元/台时)

(3) 经常性修理费＝0.88×231%＝2.03(元/台时)

(4) 替换设备及工具、附具费＝0.88×88%＝0.77(元/台时)

(5) 保管费＝415800×0.25%÷2000＝0.52(元/台时)

一类费用小计：14.70元/台时

第二步：计算二类费用。

(1) 机上人工工资＝2×5.62＝11.24(元/台时)

(2) 耗电费＝53.4×0.4×0.5×1÷(0.88×0.95)×0.5＝6.39(元/台时)

二类费用小计：17.63元/台时

第三步：计算QTP-80外爬式塔式起重机台时费。

台时费＝一类费用＋二类费用＝14.70＋17.63＝32.33(元/台时)

任务3.5 混凝土材料、砂浆材料单价

混凝土、砂浆材料单价是指配制$1m^3$混凝土、砂浆所需的水泥、砂石骨料、水、掺合料及外加剂等各种材料的费用之和，不包括混凝土和砂浆拌制、运输、浇注等工序的人工、材料和机械费用，也不包括除搅拌损耗外的施工操作损耗及超填量等。混凝土、砂浆材料单价在混凝土工程单价中占有较大的比重，在编制混凝土工程概算单价时，应根据设计选定的不同工程部位的混凝土及砂浆的强度等级、级配和龄期确定出各组成材料的用量，进而计算出混凝土、砂浆材料单价。

根据每立方米混凝土、砂浆中各种材料预算用量分别乘以其材料预算价格，其总和即为定额项目表中混凝土、砂浆的材料单价。

3.5.1 编制混凝土材料单价应遵循的原则

(1) 编制拦河坝等大体积混凝土概预算单价时，必须考虑掺加适量的粉煤灰以节省水运用量，其掺量比例应根据设计对混凝土的温度控制要求或试验资料选取。如无试验资料，可根据一般工作实际掺用比例情况，按现行《水利建筑工程概算定额》附录7掺粉煤灰混凝土材料配合表选取。

(2) 编制所有现浇混凝土及碾压混凝土概预算单价时，均应采用掺外加剂（木质素磺

酸钙等）的混凝土配合比作为计价依据，以减少水泥用量。一般情况下不得采用纯混凝土配合比作为编制混凝土概预算单价的依据。

（3）应根据设计对不同水工建筑物的不同运用要求，尽可能利用混凝土的后期强度（60d、90d、180d、360d），以降低混凝土强度等级，节省水泥用量。现行定额中，不同混凝土配合比所对应的混凝土强度等级均以28d龄期的抗压强度为准，如设计龄期超过28d，应进行换算，各龄期强度等级换算为28d龄期强度等级的换算系数见表3.11。当换算结果介于两种强度等级之间时，应选用高一级的强度等级。如某大坝混凝土采用180d龄期设计强度等级为C20，则换算为28d龄期时对应的混凝土强度等级为C20×0.71≈C14，其结果介于C10与C15之间，则混凝土的强度等级取C15。

表3.11　　混凝土龄期与强度等级换算系数

设计龄期/d	28	60	90	180	360
强度等级换算系数	1.00	0.83	0.77	0.71	0.65

按照国际标准（ISO 3893）的规定，且为了与其他规范相协调，将原规范混凝土及砂浆标号的名称改为混凝土及砂浆强度等级。新强度等级与原标号对照见表3.12和表3.13。

表3.12　　混凝土强度等级与原标号对照表

原用标号/(kgf/cm^2)	100	150	200	250	300	350	400
新强度等级	C9	C14	C19	C24	C29.5	C35	C40

表3.13　　砂浆新强度等级与原标号对照表

原用标号/(kgf/cm^2)	30	50	75	100	200	250	300	350	400
新强度等级	M3	M5	M7.5	M10	M20	M25	M30	M35	M40

3.5.2 混凝土材料单价的计算

混凝土各组成材料的用量是计算混凝土材料单价的基础，应根据工程试验提供的资料计算。若设计深度或试验资料不足，也可按下述计算步骤和方法计算混凝土半成品的材料用量及材料单价。

3.5.2.1 选定水泥品种与强度等级

拦河坝等大体积水工混凝土，一般可选用强度等级为32.5与42.5的水泥。对水位变化区外部混凝土，宜选用普通硅酸盐大坝水泥和普通硅酸盐水泥；对大体积建筑物内部混凝土、位于水下的混凝土和基础混凝土，宜选用矿渣硅酸盐大坝水泥、矿渣硅酸盐水泥和粉煤灰硅酸盐水泥。

3.5.2.2 确定混凝土强度等级和级配

混凝土强度等级和级配是根据水工建筑物各结构部位的运用条件、设计要求和施工条件确定的。在资料不足的情况下，可参考表3.14选定。

表 3.14　　混凝土强度等级与级配参考表　　%

工程类别	不同强度等级不同级配混凝土所占比例			
	C20～C25 二级配	C20 三级配	C15 三级配	C10 四级配
大体积混凝土坝	8	32		60
轻型混凝土坝	8	92		
水闸	6	50	44	
溢洪道	6	69	25	
进水塔	30	70		
进水口	20	60	20	
隧洞衬砌				
混凝土泵衬砌边顶拱	80	20		
混凝土泵衬砌顶拱	30	70		
竖井衬砌				
混凝土泵浇筑	100			
其他方法浇筑	30	70		
明渠混凝土		75	25	
地面厂房	35	35	30	
河床式电站厂房	50	25	25	
地下厂房	50	50		
扬水站	30	35	35	
大型船闸	10	90		
中小型船闸	30	70		

3.5.2.3　确定混凝土材料配合比

确定混凝土材料配合比时，应考虑按混合料、掺外加剂和利用混凝土后期强度等节约水泥的措施。混凝土材料中各项组成材料的用量应按设计强度等级，根据试验确定的混凝土配合比计算。计算中水泥、砂石预算用量要比配合比理论计算量分别增加 2.5%、3% 与 4%。初步设计阶段的纯混凝土、掺外加剂混凝土，或可行性研究阶段的掺粉煤灰混凝土、碾压混凝土、纯混凝土、掺外加剂混凝土等，如无试验资料，可参照概算定额附录中的混凝土材料配合比查用。

《水利建筑工程概算定额》（2002 年）附录 7 列出了不同强度混凝土、砂浆配合比，在使用附录混凝土材料配合比表时，应注意以下几个方面：

（1）表中混凝土材料配合比是按卵石、粗砂拟定的，如改用碎石、中砂或细砂，应对配合比表中的各材料用量按表 3.15 系数换算（注：粉煤灰换算系数同水泥的换算系数）。

表 3.15　**碎石、中砂或细砂配合比换算系数**

项　目	水　泥	砂	石　子	水
卵石换为碎石	1.10	1.10	1.06	1.10
粗砂换为中砂	1.07	0.98	0.98	1.07
粗砂换为细砂	1.10	0.96	0.97	1.10
粗砂换为特细砂	1.16	0.90	0.95	1.16

注　1. 水泥按重量计，砂、石子、水按体积计。
2. 若实际采用碎石及中细砂时，则总的换算系数应为各单项换算系数的乘积。

(2) 埋块石混凝土，应按配合比表的材料用量扣除埋块石实体的数量计算。

$$埋块石混凝土材料量=配合表列材料用量\times(1-埋块石率) \tag{3.53}$$

1块石实体方=1.67码方。

因埋块石增加的人工见表3.16。

表 3.16　**埋块石混凝土人工工时增加量**

埋块石率/%	5	10	15	20
每 100m^3 埋块石混凝土增加人工工时	24.0	32.0	42.4	56.8

注　不包括块石运输及影响浇筑的工时。

(3) 当工程采用的水泥强度等级与配合比表中不同时，应对配合比表中的水泥用量进行调整，见表3.17。

表 3.17　**水泥强度等级换算系数参考表**

原强度等级 \ 代换强度等级代换	32.5	42.5	52.5
32.5	1.00	0.86	0.76
42.5	1.16	1.00	0.88
52.5	1.31	1.13	1.00

(4) 除碾压混凝土材料配合比表外，混凝土配合比表中各材料的预算量包括场内运输及操作损耗，不包括搅拌后（熟料）的运输和浇筑损耗，搅拌后的运输和浇筑损耗已根据不同浇筑部位计入定额内。

(5) 水泥用量按机械拌和拟定，若人工拌和，则水泥用量需增加5%。

3.5.2.4　掺粉煤灰混凝土材料用量

定额附录中掺粉煤灰混凝土配合比的材料用量是按超量取代法（也称超量系数法）确定的，即按照与纯混凝土同稠度、等强度的原则，用超量取代法对纯混凝土中的材料量进行调整，调整系数称为粉煤灰超量系数。按下列步骤计算。

(1) 掺粉煤灰混凝土的水泥用量为

$$C=C_0(1-f) \tag{3.54}$$

式中　C——掺粉煤灰混凝土的水泥用量，kg；

C_0——与掺粉煤灰混凝土同稠度、等强度的纯混凝土水泥用量，kg；

f——粉煤灰取代水泥百分率，即水泥节约量，其值可参考表3.18选取。

$$f=[(C_0-C)\div C_0]\times 100\% \quad (3.55)$$

表3.18 粉煤灰取代水泥百分率（f）参考表

混凝土强度等级	普通硅酸盐水泥/%	矿渣硅酸盐水泥/%	混凝土强度等级	普通硅酸盐水泥/%	矿渣硅酸盐水泥/%
≤C15	15～25	10～20	C25～C30	15～20	10～15
C20	10～15	10			

注 1. 32.5R水泥及以下取下限，42.5R水泥及以上取上限。C20及以上混凝土宜采用Ⅰ、Ⅱ级粉煤灰，C15及以下素混凝土可采用Ⅲ级粉煤灰。
2. 粉煤灰等级按《水工混凝土掺用粉煤灰技术规范》划分。

（2）确定粉煤灰的掺量。

$$F=K(C_0-C) \quad (3.56)$$

式中 F——粉煤灰掺量，kg；

K——粉煤灰取代（超量）系数，为粉煤灰的掺量与取代水泥节约量的比值，可按表3.19取值。

表3.19 粉煤灰的取代（超量）系数表

粉煤灰级别	Ⅰ 级	Ⅱ 级	Ⅲ 级
超量系数	1.0～1.4	1.2～1.7	1.5～2.0

（3）砂、石用量计算。由于采用超量取代法计算的掺粉煤灰混凝土的灰重（即水泥及粉煤灰总重）较纯混凝土的灰重多，增加的灰重

$$\Delta C=C+F-C_0 \quad (3.57)$$

式中 ΔC——增加的灰重，kg。

按与纯混凝土堆密度相等的原则，掺粉煤灰混凝土砂、石总量应相应减少ΔC，按含砂率相等的原则，则掺粉煤灰混凝土砂、石重分别按式（3.61）与式（3.62）计算。

$$S\approx S_0-\Delta C\,S_0/(S_0+G_0) \quad (3.58)$$

$$G\approx G_0-\Delta C\,G_0/(S_0+G_0) \quad (3.59)$$

式中 S——掺粉煤灰混凝土砂重，kg；

S_0——纯混凝土砂重，kg；

G——掺粉煤灰混凝土石重，kg；

G_0——纯混凝土石重，kg。

由于增加的灰重ΔC主要是代替细骨料砂填充粗骨料石的空隙，故简化计算时也可将增加的灰重ΔC全部从砂的重量中核减，石重不变。

（4）用水量计算。

$$\text{掺粉煤灰混凝土用水量 } W=\text{纯混凝土用水量 } W_0(\mathrm{m}^3) \quad (3.60)$$

（5）外加剂用量计算。外加剂用量Y可按掺粉煤灰混凝土的水泥用量C的0.2%～0.3%计算，概算定额取0.2%计，即

$$Y=C\times 0.2\% \quad (3.61)$$

根据上述公式，可计算不同的超量系数 K 及不同的粉煤灰取代水泥百分率 f 时掺粉煤灰混凝土的材料用量。

3.5.2.5 计算混凝土材料单价

混凝土材料单价计算公式为

$$混凝土材料单价=\sum(某材料用量\times某材料预算价格) \tag{3.62}$$

如果有几种不同强度等级的混凝土，需要计算混凝土材料的综合单价，则按各强度等级的混凝土所占比例计算加权平均单价。

3.5.3 砂浆材料单价的计算方法

砂浆材料单价的计算方法和混凝土材料单价的计算方法大致相同，应根据工程试验提供的资料确定砂浆的各组成材料及相应的用量，进而计算出砂浆材料单价。若无试验资料，可参照定额附录砂浆材料配合比表中各组成材料的预算量，进而计算出砂浆材料的单价。

砂浆材料单价计算公式为

$$砂浆材料单价=\sum(某材料用量\times某材料预算价格) \tag{3.63}$$

3.5.4 混凝土材料单价计算实例分析

【例 3.9】 某岸边开敞式溢洪道工程，设计选用的混凝土强度等级与级配为：C20 二级配占 6%、C20 三级配占 69%、C15 三级配占 25%。C20 混凝土用 32.5 号普通水泥，C15 混凝土用 32.5 号矿渣水泥。外加剂采用木质素磺酸钙。已知混凝土各组成材料的预算价格为：32.5 号普通水泥 350 元/t，32.5 号矿渣水泥 325 元/t，木质素磺酸钙 1.20 元/kg，砂石骨料 35 元/m^3，水 0.40 元/m^3。试计算溢洪道混凝土工程定额中混凝土材料单价。

解： 第一步：计算混凝土配合比材料预算量。

根据《水利建筑工程概算定额》（2002 年）附录 7 掺外加剂混凝土材料配合比表，查得上述各种强度等级与级配的混凝土配合比材料预算量，见表 3.20。

第二步：计算混凝土材料单价。

计算各种强度与级配的混凝土材料单价，并按所占比例加权平均计算其综合单价，见表 3.20。

表 3.20 混凝土材料单价计算表

混凝土强度等级	级配	材料预算量					材料费/元					混凝土材料单价/(元/m^3)
		水泥/kg	砂/m^3	卵石/m^3	外加剂/kg	水/m^3	水泥	砂	卵石	外加剂	水	
C20	二	254	0.5	0.82	0.52	0.15	88.9	17.5	28.7	0.62	0.06	135.78
C20	三	212	0.4	0.97	0.43	0.125	74.2	14.0	33.95	0.52	0.05	122.72
C15	三	181	0.42	0.96	0.37	0.125	58.83	14.7	33.6	0.44	0.05	107.62

第三步：计算混凝土材料综合单价。

混凝土材料综合单价＝135.78×6％＋122.72×69％＋107.62×25％

＝119.73(元/m^3)

【例3.10】 某工程用C20三级配掺粉煤灰混凝土，水泥强度等级为42.5（R），水灰比为0.6，水泥取代百分率为12％，粉煤灰的取代系数为1.30。计算该混凝土的配合比材料用量。

解： 第一步：计算掺粉煤灰混凝土水泥用量。

查《水利建筑工程概算定额》（2002年）附录7表7.7，C20三级配纯混凝土配合比材料用量为：42.5水泥 $C_0=218$kg，粗砂 $S_0=618$kg，卵石 $G_0=1627$kg，水 $W_0=0.125\text{m}^3$。则

$$C=C_0(1-f)=218\times(1-12\%)=192(\text{kg})$$

第二步：计算粉煤灰掺量。

$$F=K(C_0-C)=1.3\times(218-192)=34(\text{kg})$$

第三步：计算砂、石用量。

$$\Delta C=C+F-C_0=192+34-218=8(\text{kg})$$

$$S\approx S_0-\Delta CS_0/(S_0+G_0)=618-8\times618\div(618+1627)=616(\text{kg})$$

$$G\approx G_0-\Delta CG_0/(S_0+G_0)=1627-8\times1627\div(618+1627)=1621(\text{kg})$$

第四步：计算用水量。

$$W=W_0=0.125\text{m}^3$$

第五步：计算外加剂用量。

$$Y=192\times0.2\%=0.38(\text{kg})$$

复习思考题

1. 某灌溉工程位于十类工资区，无地区津贴，养老保险费费率取15％，住房公积金费率取5％。按水利部现行规定分别计算工长、高级工、中级工和初级工的人工预算单价。

2. 某大型水利枢纽工程位于七类工资区，经国家物价部门批准的地区津贴为30元/月，地方政府规定的特殊地区补贴为25元/月，请按现行部颁规定计算中级工的人工预算单价。（假设养老保险费费率为18％，住房公积金费率为5％）

3. 某水利工程混凝土工程所用水泥为袋装42.5级普通硅酸盐水泥，系由本省内水泥一厂和水泥二厂供应，请按水利部现行规定计算该种水泥预算价格。已知：水泥厂供货价均为300元/t，供货比例为一厂：二厂＝70：30。厂家至工地水泥罐的运杂费（含上罐费）分别为：一厂100元/t，二厂130元/t。水泥公路运输保险费率3％。求水泥的预算价格。

4. 何谓材料调差价？如何计算？

5. 某水利工程施工用电，90％由电网供电，10％由自备柴油发电机发电。已知电网电价为0.35元/(kW·h)，电力建设基金0.04元/(kW·h)，三峡建设基金0.007元/(kW·h)，柴油发电机总容量为1000kW，其中200kW一台，400kW两台，并配备三台水泵供给冷却水。以上三种机械台时费分别为160元/台时、268元/台时和13.2元/台

时。请计算外购电电价、自发电电价和综合电价［高压输电线路损耗率为6%，变配电设备及配电线路损耗率为8%，供电设施维修摊销费为0.03元/(kW·h)，发电机出力系数取0.8，厂用电率取5%］。

6. 某工程施工用风由总容量200m^3/min的压缩空气系统供给，共配置固定式空气压缩机七台，其中20m^3/min四台，40m^3/min三台，采用循环水冷却。本工程用风供风管道较长，损耗率与维修摊销费应取大值。已知40m^3/min与20m^3/min的空气压缩机台时费分别为150.56元/台时和82.81元/台时，空气压缩机出力系数取0.8，供风设施维修摊销费取0.003元m^3，供风损耗率取12%，请计算风价。

7. 一台70t汽车起重机每工作一小时的折旧费339.28元，修理及替换设备费174.06元，无安装拆卸费且一类费用无需调整。二类费用中，人工2.7工时，柴油21.0kg。若中级工的人工预算单价为3.87元/工时，柴油4.88元/kg，试计算它的台时费。

8. 根据《水利建筑工程概算定额》附录7，计算C15、C25纯混凝土，M7.5、M15砌筑砂浆，M10、M20接缝砂浆材料价格。已知砂子价格68元/m^3、石子价格60元/m^3、水价格1.15元/m^3；32.5级、42.5级水泥价格分别为340元/t、356元/t。

项目4 工 程 定 额

任务4.1 概 述

4.1.1 定额的定义

定，就是规定；额，就是额度。从广义上来说，定额是以一定标准规定的额度或限度，即标准或尺度。

工程建设定额是指在一定的技术组织条件下，预先规定消耗在单位合格产品上的人工、材料、机械、资金和工期的标准额度。定额是由国家、地方、部门和企业颁发的，是企业管理科学化的产物。

4.1.2 定额的表现形式

定额一般有实物量形式、价目表形式、百分率形式和综合形式四种表现形式。

(1) 实物量形式。实物量形式的定额是以完成单位工程工作量所消耗的人工、材料、机械台班时的数量表示的定额。如水利部颁布《水利建筑工程概算定额》(2002年)《水利建筑工程预算定额》《水利水电设备安装工程预算定额》等。这种定额使用时要用工程所在地编制年的价格水平计算工程单价，它不受物价上涨因素的影响，使用时间长。实物量形式定额表式见附表1。

(2) 价目表形式。价目表形式的定额是以编制年(部颁布的以北京为准，省部颁布的以省会所在地为准)的价格水平给出完成单位产品的价格。该定额使用比较简便，但必须进行调整，很难适应工程建设动态发展的需要，已逐步被实物量定额所取代。如《水利工程施工机械台时费定额》中的一类费用。

(3) 百分率形式。百分率形式的定额是以某取费基础的百分率表示的定额。如《水利工程设计概(估)算编制规定》中现场经费费率和间接费费率定额，《水利建筑工程概算定额》中的零星材料费、其他材料费、其他机械费等。

4.1.3 定额的性质

定额作为一项重要的技术经济法规，它具有以下性质：

(1) 科技性和经济性。定额必须科学地反映一定时期内的社会生产力水平，具有平均先进性；必须符合我国施工企业实际的技术水平、管理水平和机械水平；必须符合我国施工企业的施工工艺、施工方法，并具有独自的表现形式和计算方法。定额的经济性表现在为项目评估决策、控制项目投资、确定工程造价，为全面经济核算提供合理的尺度。

(2) 市场性与自主性。推行工程量清单计价规范，按市场规律搞工程建设，由企业自主报价、市场定价成为定额特性的基本特征。这时的定额特性与传统的工程造价制度有着本质的区别，主要体现在市场性与自主性。

（3）法令性和指导性。定额是由国家或其授权机关统一组织编制和颁发的一种法令性指标，在指定的执行范围内，任何单位都必须认真贯彻执行，除预算定额中规定有条件地进行换算外，不得各行其是，不得任意调整修改。企业自主报价，市场形成价格也必须遵守相应的游戏规则。政府宏观调控是指作为各级政府对工程建设招投标活动中的计价行为不是放任不管，而是要规范指导。

（4）群众性和政策性。定额水平的高低，主要取决于工人群众的生产能力和技术水平，其群众性表现在它必须为广大企业和工人所接受，并在实践中证明是切实可行的；其政策性表现在它必须正确处理国家、企业和劳动者个人三者的利益关系。

（5）相对稳定性与可变性。随着科学技术和管理水平的提高，社会生产力的水平也必然提高，有一个由量变到质变的过程，存在一个变动的周期，因此定额的执行也有一个相应的实践过程，保持相对稳定性。定额是与一定时期的社会生产力水平或企业自身条件相适应的，如果这些条件发生改变，定额也应作相应的修改、补充、调整（必须经过授权机构的批准），而企业定额的局部修订或补充是经常会出现的。

4.1.4 定额的编制原则

（1）按社会平均水平确定预算定额的原则。按照“在现有的社会正常的生产条件下，在社会平均的劳动熟练程度和劳动强度下制造某种使用价值所需要的劳动时间”来确定定额水平。预算定额的水平以施工定额水平为基础。预算定额中包含了更多的可变因素，需要保留合理的幅度差。预算定额是平均水平，施工定额是平均先进水平。所以两者相比预算定额水平要相对低一些。

（2）贯彻简明适用原则。定额的内容和形式，既要满足不同用途的需要，具有多方面的适用性，又要简单明了，可操作性强，便于掌握和应用。

（3）坚持统一性和差别性相结合原则。所谓统一性，就是从培育全国统一市场规范计价行为出发，由中央主管部门归口，考虑国家的方针政策和经济发展要求，统一制定定额的编制原则和方法，具体组织和颁发全国统一定额，颁发有关的规章制度和条例细则。所谓差别性，就是在统一性基础上，各部门和省、自治区、直辖市主管部门可以在自己的管辖范围内，根据本部门和地区的具体情况，制定部门和地区性定额、补充性条例细则，并加强定额的经常性管理。

4.1.5 定额的作用

定额的作用具体表现在以下几个方面：

（1）定额是企业编制计划的基础。企业无论是长期计划、短期计划，综合技术经济或施工进度计划、作业计划的编制，都是直接或间接地用各种定额作为计算人力、机械和材料等各种资源需要量的依据，所以定额是编制各种计划的重要基础。

（2）定额是确定工程成本和报价的依据。定额是评价设计方案合理性的尺度。施工任何一个工程或一台电气设备，所消耗的劳动力、材料、机械台班的数量是工程施工成本的决定性因素，而它们的消耗量和工程取费又是根据定额计算的。同时，同一建筑产品的不同设计方案的成本反映了不同设计方案的技术经济水平。因此，定额也是比较和评价设计方案是否经济合理的尺度。

(3) 定额是加强企业经营管理的重要工具。定额标准具有法规性，起着一种严格的经济监督作用，它要求每一个执行定额的人，必须自觉地遵循定额的要求，监督工程施工中的人工、材料和施工机械使用不超过定额规定的消耗，从而提高劳动生产率，降低工程成本。此外，企业在生产经营中的计算和平衡资源需用量、组织材料供应、编制施工进度计划、签发施工任务单、实行承包责任制、考核工料消耗等一系列管理都要以定额作为计算依据，所以定额是加强企业经营管理的重要工具。

(4) 定额是总结推广先进生产方法的手段。用定额标定方法可以对同一产品在同一操作条件下的不同生产方式进行观察、分析和总结，然后在生产过程中推广先进生产方法，使劳动生产率得到提高。

任务4.2 定 额 分 类

定额的种类很多，通常的分类方法有以下几种。

4.2.1 按生产因素

定额有劳动消耗定额、材料消耗定额、机械消耗定额三种。

4.2.1.1 劳动消耗定额

劳动消耗定额也称人工定额，是指完成一定合格产品所必须消耗的人工工时的数量标准。因表现形式的不同，分为时间定额和产量定额两种。

(1) 时间定额。是工程项目所需消耗的工作时间，它包括准备与结束时间、基本生产时间、辅助生产时间、不可避免的中断时间及工人必需的休息时间。

时间定额以工日或工时为单位，其计算方法如下

$$\text{单位产品时间定额(工日或工时)}=\frac{\text{总工日或总工时}}{\text{产品产量}}$$

(2) 产量定额。是指某种专业、技术等级的工人小组或个人在合理的劳动组织、使用材料、机械配合的条件下，在单位工时所应完成的合格产品数量。

产量定额以单位时间的产品计量单位表示，其计算方法如下

$$\text{每工日或工时产量}=\frac{\text{产品产量}}{\text{总工日或总工时}}$$

产量定额的计量单位视具体产品的性质分别以 m、m^2、m^3、t、根、块等表示，时间定额与产量定额互为倒数，即

$$\text{时间定额}=\frac{1}{\text{产量定额}}$$

4.2.1.2 材料消耗定额

材料消耗定额简称材料定额，它是指在节约和合理使用材料的条件下，生产单位合格产品所需要消耗一定品种规格的材料、半成品、配件和水、电、燃料等的数量标准，包括材料的使用量和必要的工艺性损耗及废料数量。

制定材料消耗定额，主要就是为了利用定额这个经济杠杆，对物资消耗进行控制和监

督，达到降低物耗和工程成本的目的。

材料消耗定额是编制材料需要量计划、运输和供应计划，计算仓库面积，签发限额领料单和经济核算的根据。制定合理的材料消耗定额是组织材料的正常供应，保证生产顺利进行，以及合理利用资源、减少积压浪费的必要前提。

定额材料消耗量，既包括构成产品实体净用的材料数量，又包括施工场内运输及操作过程不可避免的损耗量。

$$总消耗量=净用量+损耗量$$

$$损耗率=\frac{损耗量}{总消耗量}\times 100\%$$

$$总消耗量=\frac{净用量}{1-损耗率}$$

为了简化计算，预算定额中采用如下公式

$$损耗率=\frac{损耗量}{净用量}\times 100\%$$

$$总消耗量=净用量\times(1+损耗率)$$

所以，制定材料消耗定额，关键是确定净用量和损耗率。

4.2.1.3 机械消耗定额

机械消耗定额简称机械定额。由于我国机械消耗定额是以一台机械使用一个工作班或工作时为计量单位，所以又称为机械台班或台时定额。机械消耗定额有两种表现形式：机械时间定额和机械产量定额，二者互为倒数。

$$机械时间定额=\frac{1}{机械产量定额}$$

机械时间定额是指在一定的操作内容、质量和安全要求的前提下，规定完成单位数量产品或任务所需作业量（如台时、台班等）的数量标准。

机械产量定额是指在一定的操作内容、质量和安全要求的前提下，规定每单位作业量（如台时、台班等）完成的产品或任务的数量标准。

4.2.2 按定额在基本建设程序中的作用

4.2.2.1 投资估算指标

投资估算指标是在可行性研究阶段作为技术经济比较或建设投资估算的依据，是由概算定额综合扩大和统计资料分析编制而成的。

4.2.2.2 概算定额

概算定额是编制初步设计概算和修正概算的依据。

4.2.2.3 预算定额

预算定额是编制施工图预算和招标标底及投标报价的依据，也是工程中计算劳动力、材料、机械数量的一种定额。

4.2.2.4 施工定额

施工定额是施工企业内部作为编制施工作业计划、进行工料分析、签发工程任务单和考核预算成本完成情况的依据。

4.2.3 按我国现行管理体制和执行范围

4.2.3.1 全国统一定额

全国统一定额又称国家定额，是指在全国范围内统一执行的定额，一般由国家发改委或授权某主管部门组织编制颁发。

全国统一定额是由国务院有关部门制定和颁发的定额，它不分地区，全国适用。其中又分为两类，一类是通用性较强的，如1977年由原国家建委制定和颁发的《通用设备安装工程预算定额》共9册，1986年由原国家计委组织有关部门在九册基础上修编的《全国统一安装工程预算定额》共16册；另一类是专业较强的，由中央各部根据其专业性质不同分别制定，报国家计委备案，在其专业范围内全国通用的工程定额，如石油、冶金、铁路、交通、煤炭等各部编制的定额。

4.2.3.2 主管部门定额

主管部门定额是由一个或几个主管部门组织编制颁发，在主管部门所属单位执行的定额。

4.2.3.3 地方定额

地方定额是指省、自治区、直辖市根据地方工程特点，编制颁发的在不宜执行国家或主管部门定额情况下，在本地执行的定额。

4.2.3.4 企业定额

施工企业根据本企业的施工技术和管理水平而编制的人工、材料和施工机械台班等的消耗标准。企业定额是由企业自行编制，只限于本企业内部使用的定额，例如施工企业附属的加工厂、车间为了内部核算便利而编制的定额。至于对外实行独立核算的单位如预制混凝土和金属构件厂、大型机械化施工公司、机械租赁站等，虽然它们的定额标准并不纳入建筑安装工程定额系列之内，但它们的生产服务活动与建设工程密切相关，因此，其定额标准、出厂价格、机械台班租赁价格等，都要按规定的编制程序和方法经有关部门的批准才能在规定的范围内执行。企业定额只在企业内部使用，是企业素质的一个标志。企业定额水平一般应高于国家现行定额，才能满足生产技术发展、企业管理和市场竞争的需要。

任务4.3 定 额 的 使 用

4.3.1 定额的适用范围

4.3.1.1 分专业采用

水利水电工程项目建设除水工建筑物及水利水电设备安装工程外，还有房屋建筑工程、公路、铁路输变电线路、通信工程等。水利工程应采用水利部门颁发的定额，其他工程应分别采用所属主管部门颁发的定额。如公路工程采用交通运输部门颁发的公路工程定额，房屋建筑工程采用建筑工程定额。

4.3.1.2 工程定额要与费用定额配套使用

在计算水利水电工程投资的过程中，除采用工程定额外，还应结合现行的费用定额，如其他直接费定额、现场经费标准、间接费定额等。

4.3.1.3 选用的定额应与设计阶段和定额的作用相适应

可行性研究编制投资估算采用投资估算指标；初步设计阶段编制设计概算应采用概算定额；施工图预算应采用预算定额。如因本阶段定额缺项，需用下阶段定额时，应按规定乘以过渡系数。

预算定额主要用于大、中型水利工程，是编制《水利建筑工程概算定额》的基础，也是编制招标标底和投标报价的主要参考依据。

概算定额主要用于大、中型水利工程，是编制初步设计概算、项目建议书和可行性研究阶段的投资估算的主要依据，为国家宏观控制水利工程投资起到重要作用。

设备安装工程预算定额适用于大、中型水利水电设备安装工程，是编制设备安装工程预算的依据，也是编制招标标底和投标报价的主要参考定额。

设备安装工程概算定额适用于大、中型水利水电设备安装工程，是编制初步设计概算、项目建议书及可行性研究阶段投资估算的主要依据。

施工机械台时费定额主要是配合建筑工程概、预算定额及设备安装工程概、预算定额，编制工程概算、预算、投资估算、招标标底及投标报价，计算其工程投资。

4.3.2 定额的使用方法

水利工程建设中现行的各种定额一般由总说明、分册分章说明、目录、定额表和有关附录组成，其中定额表是各种定额的主要组成部分。

定额是编制水利工程造价的重要依据，因此，设计单位和施工企业的工程造价人员都必须熟练准确地使用定额。为此，必须做到以下几点：

（1）要认真阅读定额的总说明和分章说明。对说明中指出的定额适用范围、包含的工作内容和费用、有关调整系数以及定额的使用方法等，均应通晓和熟悉。

（2）要了解定额项目的工作内容。能根据工程部位、施工方法、施工机械和其他施工条件正确地选用定额项目，做到不错项、不漏项、不重项。

（3）要学会使用定额的各种附录。例如，土壤和岩石分级、砂浆与混凝土配合比、模板立模系数、安装工程装置性材料用量等。

（4）要注意定额修正的各种换算关系。当施工条件与定额项目规定条件不符时，应按定额说明和定额表下的“注”中有关规定换算修正。各种系数换算，除特殊注明者外，一般均按连乘计算。使用时还要区分修正系数是全面修正还是只乘在人工工时、材料消耗和机械台时的某一项或几项上。

（5）要注意定额单位与定额中数字表示的适应范围。概预算项目的计量单位要和定额项目的计量单位一致。要注意区分土石方工程的自然方和压实方；砂石备料工程中的成品方、自然方与堆方；砌石工程中的砌体方与码方；混凝土的拌和方与实体方等。定额中凡数字后用“以上”、“以外”表示的都不包括数字本身；凡数字后用“以下”、“以内”表示的都包括数字本身。凡用数字上下限表示的，如1000～2000，相当于1000以上至2000以下。

下面通过几个实例说明各种定额的应用。

4.3.2.1 预算定额的应用

预算定额由土方工程、石方工程、砌石工程、混凝土工程、模板工程、砂石备料工程、钻孔灌浆及锚固工程、疏浚工程、其他工程及附录组成。共计10个单元，349节、4284个子目。本定额总说明共15条，各章都有相应的说明。

【例4.1】 某渠道工程，采用浆砌石平面护坡，设计砂浆强度等级为M10，砌石等材料就近堆放，求每立方米浆砌石所需人工、材料预算用量。

解：(1) 选用定额。查附表21平面护坡浆砌石，定额编号30017，每$100m^3$砌体需消耗人工合计838.7工时，块石$108m^3$（码方），砂浆$35.3m^3$。由于砌石工程定额已综合包含了拌浆、勾缝和20m以内运料用工，故不需另计其他用工。

(2) 确定砂浆材料预算用量。根据设计砂浆强度等级，查附表26水泥砂浆材料预算量：水泥305kg，砂$1.10m^3$，水$0.183m^3$。

(3) 计算每立方米浆砌石所需人工、材料用量。

人工：838.7/100＝8.39(工时)

块石：108/100＝1.08(m^3)（码方）

水泥：305×35.3/100＝107.67(kg)

砂：1.10×35.3/100＝0.388(m^3)

水：0.183×35.3/100＝0.065(m^3)

【例4.2】 某河道堤防工程施工采用$1m^3$挖掘机挖装（Ⅲ类土），10t自卸汽车运输，平均运距3km，74kW拖拉机碾压，土料压实设计干密度$16.66kN/m^3$，天然干密度$15.19kN/m^3$，堤防工程量50万m^3，每天三班作业，土料挖运的综合系数为4.93%，试求：

(1) 用5台拖拉机碾压，需用多少天完工？

(2) 按以上施工天数，分别需用多少台挖掘机和自卸汽车？

解：(1) 计算施工工期。查附表20拖拉机压实，定额编号10473，压实$100m^3$土方需要拖拉机1.89台时，则拖拉机生产率为

$$100/1.89=52.91(m^3/台时)(压实方)$$

$$52.91\times8\times3=1269.84[m^3/台\cdot d](压实方)$$

5台拖拉机每天的生产强度为

$$1269.84\times5=6349.2(m^3/d)(压实方)$$

需要施工时间

$$500\times10^3/6349.2\approx79(d)$$

(2) 计算挖掘机和自卸汽车数量。查《水利建筑工程概算定额》附录一表2-1编号为10367子目，$1m^3$挖掘机装土10t自卸汽车运输定额，装运$100m^3$土（自然方）需挖掘机和自卸汽车的台时数量分别为1.00台时和9.14台时。

$1m^3$挖掘机生产率：$100m^3$/台时（自然方）

10t自卸汽车生产率：100/9.14＝10.94(m^3/台时)(自然方)

挖运施工强度：［500×10^3/(79×3×8)］×(16.66/15.19)×(1＋4.93%)＝303.49(m^3/台时)(自然方)

其中，4.93%为土料挖运的综合系数。

则挖掘机数量为：303.49/100≈4(台)

自卸汽车数量为：303.49/10.94≈28(台)

4.3.2.2 概算定额的应用

概算定额由土方开挖工程、石方开挖工程、土石填筑工程、混凝土工程、模板工程、砂石备料工程、钻孔灌浆及锚固工程、疏浚工程、其他工程及附录组成。共计10个单元，317节、4656个子目。本定额总说明共15条，各章都有相应的说明。

【例4.3】 某灌溉明渠的底板、边坡的混凝土衬砌工程，混凝土强度等级C15，二级级配，衬砌厚15cm，混凝土采用0.4m^3搅拌机拌制，胶轮车运输100m，求混凝土衬砌所需人工、材料和机械台时概算耗用量。

解：(1) 根据渠道混凝土衬砌厚度（15cm）查《水利建筑工程概算定额》，定额编号为40060子目（附表8），每100m^3混凝土浇注消耗人工、材料和机械等如下：

1）人工。工长34.1工时，高级工56.9工时，中级工454.8工时，初级工591.2工时。

2）材料。混凝土137m^3，水244m^3，其它材料费1%。

3）机械。1.1kW振动器61.45台时，风水枪61.45台时，其他机械费11%。

(2) 混凝土拌制137m^3，根据施工方法和机械类型，查《水利建筑工程概算定额》，定额编号为40171子目（附表10），每100m^3混凝土拌制消耗人工、机械如下：

1）人工。中级工126.2工时，初级工167.2工时，零星材料费2%。

2）机械。0.4m^3搅拌机18.90台时，胶轮车87.15台时。

(3) 混凝土运输137m^3，根据运输方法和运距、运输机械类型，查《水利建筑工程概算定额》，定额编号为40181子目（附表11），每100m^3混凝土运输消耗人工、机械如下：

1）人工。初级工102.6工时，零星材料费6%。

2）机械。胶轮车78.75台时。

(4) 确定混凝土强度等级C15。根据设计混凝土强度及级配，查《水利建筑工程概算定额》附录纯混凝土材料配合比及材料用量，每1m^3混凝土C15主要材料预算用量为：矿渣（或普通）32.5水泥242kg，粗砂0.52m^3，卵石0.81m^3，水150kg。并根据工程所在地的材料预算价格即可计算混凝土C15的材料价格。

(5) 综合计算每1m^3混凝土衬砌工程直接费。将各工种的人工预算单价、混凝土材料价格及其他材料价格、机械台时费及计算混凝土拌制和运输的直接费，分别代入浇注定额40060子目计算出混凝土衬砌工程综合直接费。

4.3.2.3 安装工程概预算定额的应用

现行水利部水建管〔1999〕523号颁发的《水利水电设备安装工程预算定额》、《水利水电设备安装工程概算定额》主要是以实物量形式表示的，在《水利水电设备安装工程概算定额》中有按安装费费率定额形式表示的，其使用方法与建筑工程相同。

安装工程预算定额由水轮机、调速系统、水轮发电机、大型水泵、进水阀、辅助设备、电气设备、变电站、通信、起重设备、闸门、压力钢管制作及安装等项定额及附录组成，共计15个单元，76节、1117个子目。

安装工程概算定额由水轮机、水轮发电机、大型水泵、进水阀、辅助设备、电气、变电站、通信、起重设备、闸门安装、压力钢管制作及安装等项定额及附录组成，共计12个单元，68节、659个子目。

根据安装设备种类、规格，查相应定额项目表中子目，确定完成该设备安装所需人工、材料与施工机械台时耗用量，供编制设备安装工程单价使用。

4.3.3 使用定额时需注意的问题

4.3.3.1 使用《水利建筑工程概算定额》

概算定额综合性很强，套用概算定额时计算工作量也比套用预算定额简单，但应注意以下几点，防止漏算和重算。

(1) 注意定额项目的综合内容。有的概算定额直接将预算定额中所综合进来的项目名称和工程量等标注在分项概算定额表内，有的概算定额只是在分项定额表上的工程内容和子项栏内作简单标注。凡内容中未包括的应另列项计算。

(2) 注意定额单位。因为概算定额有很强的综合性，故计量单位与预算定额也不相同。概、预算定额的项目及工程量的计算应与定额项目的设置、定额单位相一致。

(3) 注意工程量计算规则。概算定额对工程量的取定尺寸，与预算定额大不相同。现行概算定额中，已按现行施工规范和有关规定，计入了不构成建筑工程单价实体的各种施工操作损耗，允许的超挖及超填量，合理的施工附加量及体积变化等所需人工、材料及机械台时消耗量，编制设计概算时，工程量应按设计结构几何轮廓尺寸计算。而现行预算定额中均未计入超挖超填量及合理施工附加量及体积变化等，使用预算定额应按有关规定进行计算。

(4) 定额中其他材料费、零星材料费、其他机械费均以百分率（%）形式表示，其计算基数为：其他材料费以主要材料费之和为计算基数；零星材料费以人工费和机械费之和为计算基数；其他机械费以主要机械费之和为计算基数。

(5) 本定额适用于海拔2000m以下地区的建设项目，海拔2000m以上地区，其人工和机械定额乘以表4.1所列的调整系数。

表4.1　高原地区定额调整系数表

项　目	海拔/m					
	2000～2500	2500～3000	3000～3500	3500～4000	4000～4500	4500～5000
人工	1.1	1.15	1.2	1.25	1.3	1.35
机械	1.25	1.35	1.45	1.55	1.65	1.75

(6) 定额中的材料包括主要材料、其他材料、零星材料。凡一种材料名称之后，同时并列几种不同型号规格的，表示这种材料只能选用其中一种型号规格的定额进行计价；凡一种材料分几种型号规格与材料名称同时并列的，则表示这些名称相同而型号规格不同的材料都应同时计价。

(7) 定额中的机械包括主要机械和其他机械。凡一种机械名称之后，同时并列几种不同型号规格的，表示这种机械只能选用其中一种型号规格的定额进行计价；凡一种机械分几种型号规格与机械名称同时并列的，则表示这些名称相同而规格不同的机械都应同时计价。

(8) 各章的汽车运输定额，适用于水利工程施工路况 10km 以内的场内运输。运距超过 10km 时，超过部分按增运 1km 台时数乘 0.75 系数计算。

4.3.3.2 使用《水利水电设备安装工程概算定额》

(1) 定额中人工工时、材料及机械台时等以实物量表示。其中材料和机械仅列出主要品种的型号、规格及数量，如品种、型号、规格不同，均不作调整。其他材料和一般小型机械及机具分别按占主要材料费和主要机械费的百分率计列。

(2) 安装费费率定额中以设备原价作为计算基础，安装工程人工费、材料费、机械使用费和装置性材料费均以费用率（%）形式表示，除人工费用外，使用时均不作调整。

(3) 装置性材料根据设计确定品种、型号、规格和数量，并计入规定的操作损耗量。

(4) 使用电站主厂房桥式起重机进行安装工作时，桥式起重机台时费不计基本折旧费和安装拆卸费。

(5) 定额中零星材料费以人工费和机械费之和为计算基数。

4.3.3.3 使用《水利工程施工机械台时费定额》

(1) 本定额适用于水利建筑安装工程。内容包括土石方机械、混凝土机械、运输机械、起重机械、砂石料加工机械、钻孔灌浆机械、工程船舶、动力机械及其他机械共九类。

(2) 本定额以台时为计量单位。

(3) 本定额由两类费用组成，定额表中以㈠、㈡分别表示一、二类费用。

一类费用分别为折旧费、修理及替换设备费和安装拆卸费，按 2000 年度价格水平计算并用金额（K）表示。使用时用定额费用乘以造价部门规定的调整系数 $(1+P)^n$，其中 P 为年平均物价指数。

$$一类费用=K\times(1+P)^n$$

二类费用：定额以实物量表示。

$$台时机上人工费=定额机上人工消耗量\times人工预算单价$$

$$台时燃料动力费=定额燃料动力消耗量\times燃料动力预算价格$$

复 习 思 考 题

1. 什么是定额？按不同的分类角度，如何分类？
2. 如何利用建筑工程预算定额进行工料分析？
3. 定额的表现形式有哪几种？分别如何查用？
4. 如何使用各种定额？分别需要注意什么问题？

项目5 建筑安装工程单价

任务5.1 建筑工程单价

5.1.1 概述

5.1.1.1 建筑工程单价概念

建筑工程单价是完成单位工程量（$1m^3$、$100m^3$、1t、100m 等）所耗用的直接费、其他直接费、现场经费、间接费、利润和税金等费用的总和。

建筑工程单价按水利部颁《水利建筑工程概算定额》（2002 年）分为土方开挖、石方开挖、土石填筑、混凝土、模板、砂石备料、钻孔灌浆及锚固、疏浚及其他工程单价。

5.1.1.2 建筑工程单价计算

建筑工程单价计算程序见表 5.1。

表 5.1　　建筑工程单价计算程序表

序　号	项　目	计算公式
一	直接工程费	1＋2＋3
1	直接费	(1) ＋ (2) ＋ (3)
(1)	人工费	Σ定额人工工时量×人工预算单价
(2)	材料费	Σ定额材料用量×材料预算单价
(3)	机械费	Σ定额机械台时用量×机械台时费
2	其他直接费	1×其他直接费费率
3	现场经费	1×现场经费费率
二	间接费	〔一〕×间接费费率
三	利润	〔一＋二〕×利润率
四	税金	〔一＋二＋三〕×税率
	合计	一＋二＋三＋四

5.1.1.3 建筑工程单价编制方法

(1) 按水利部水总〔2002〕116 号《水利工程设计概（估）算编制规定》确定工程项目子目，查出其他直接费费率、现场经费费率、间接费费率、利润率和税率。

(2) 根据施工组织设计确定的施工方法、工程部位、施工条件等套用定额，查找定额编号、单位、工作内容等分别填入计算程序表中相应栏内。

(3) 将定额中的人工、材料、机械等消耗量，以及相应的人工预算单价、材料预算单价、施工机械单价分别填入表中各栏。

(4) 按"基础单价×定额消耗量"计算出人工费、材料费、机械费，相加得出直接费。

(5) 按照表5.1计算其他直接费、现场经费、间接费、利润和税金，汇总得出各类工程单价。

(6) 如材料有价差时，超过规定价部分应计取税金。

5.1.1.4 建筑工程单价编制注意事项

(1) 编制工程单价时，工程项目及单位应与定额项目、单位一致，项目子目不得重复或漏项，便于套用定额计价。

(2) 水利部颁《水利建筑工程概算定额》中缺项的工程项目，可参考地方补充定额或相近专业的定额补充。

(3) 查定额参数（建筑物尺寸、运距等）时，如介于定额两子目之间，可用内插法计算。

(4) 使用概算定额时，土方填筑内容包括在《水利建筑工程概算定额》第三章土石方填筑工程中；而《水利建筑工程预算定额》中，土方填筑内容包括在该定额第一章土方工程中。

5.1.2 土方开挖工程单价

水利水电工程中，渠道及建筑物基础等土方的开挖；土料经人工或机械开挖、运输、碾压等工序可筑成土坝、挡土墙、土围堰等水工建筑物。因此，土方工程施工数量非常大。

土方开挖工程包括人工、机械的土方开挖和土方运输。

5.1.2.1 土方开挖

土方开挖工效与土类级别、运输距离、开挖深度、施工条件等有关。土类级别划分，除冻土外均按土石十六级分类法的前四级划分土类级别，见表5.2，土类级别越高，开挖深度越深，开挖断面越窄，运输距离越长，开挖难度越大，工效越低，单价相应越高。

土石方工程的计量单位为自然方、松方和实方。这三者之间的体积换算关系称为土石方松实系数，见表5.2，其中，自然方指未经扰动的自然状态的土方；松方是指自然方经人工或机械开挖而松动过的土方；实方则指经过回填压实的土方。

土方开挖工程单价包括挖松、就进堆放、修整断面等工序的费用。

表5.2 **土石方松实系数换算表**

项目	自然方	松方	实方	码方
土方	1	1.33	0.85	
石方	1	1.53	1.31	
砂方	1	1.07	0.94	
混合料	1	1.19	0.88	
块石	1	1.75	1.43	1.67

【例5.1】 某引水工程采用1m^3液压反铲挖掘机挖渠道土方，10t自卸汽车运输1km

弃料，土质为Ⅲ类土。人工、材料、机械预算单价为：初级工的人工预算单价为3.46元/工时，$1m^3$挖掘机的台时费为153.36元/台时，59kW推土机的台时费78.91元/台时，10t自卸汽车的台时费111.24元/台时，胶轮车的台时费0.9元/台时，其他直接费费率为3.5%，现场经费费率为9.0%，间接费费率为9.0%，利润率为7%，税率为3.22%。试计算土方开挖工程单价。

解：查《水利建筑工程概算定额》—-50 $1m^3$液压反铲挖掘机挖渠道土方，定额编号10874号（附表2）。工程单价计算结果见表5.3，土方开挖单价为14.96元/m^3。

表5.3 **土方开挖单价分析表**

定额编号	10874	适用范围	上口宽小于16m的土渠	定额单位	$100m^3$
定额依据	—-50 $1m^3$液压反铲挖掘机挖渠道土方	土的级别	Ⅲ类土	密度	
工作内容	机械开挖、装汽车运输、人工配合挖保护层、胶轮车倒运土50m、修边、修底等				
序号	名称及规格	单位	数量	单价/元	合价/元
一	直接工程费				1242.30
1	直接费				1104.27
(1)	人工费				144.63
	初级工	工时	41.8	3.46	144.63
(2)	材料费				32.16
	零星材料费	%	3	1072.11	32.16
(3)	机械使用费				927.48
	$1m^3$挖掘机	台时	1.06	153.36	162.56
	59kW推土机	台时	0.53	78.91	41.82
	10t自卸汽车	台时	6.42	111.24	714.16
	胶轮车		9.93	0.9	8.94
2	其他直接费	%	3.5	1104.27	38.65
3	现场经费	%	9	1104.27	99.38
二	间接费	%	9	1242.30	111.81
三	利润	%	7	1354. 11	94. 79
四	税金	%	3.22	1448.90	46.65
	合计				1495.55
	每立方米				14.96

5.1.2.2 土方运输

土方运输方式有人工挑（抬）运输、胶轮车运输和机械运输。土方运输单价包括集料、装土、运土、卸土以及卸土料场整理等工序的费用。

【例5.2】 某土坝工程，采用$1m^3$挖掘机挖装10t自卸汽车运2.3km至料场，土方为Ⅰ～Ⅱ类土。人工、材料、机械预算单价为：初级工3.46元/工时，$1m^3$挖掘机的台时费为153.36元/台时，59kW推土机的台时费为78.91元/台时，10t自卸汽车的台时费为

111.24元/台时，其他直接费费率3.5%，现场经费费率9%，间接费费率9%，利润率7%，税率3.22%，试计算土方挖运单价。

解：查《水利建筑工程概算定额》一-36 $1m^3$ 挖掘机挖土自卸汽车运输，定额编号10617、10618（附表1）。自卸汽车运输距离2.3km，介于10617和10618之间，10t自卸汽车运距2 km需7.25台时；运距3 km需8.65台时，采用内插法计算。

$$[(8.65-7.25)\div10]\times3+7.25=7.67(\text{台时})$$

或

$$8.65-[(8.65-7.25)\div10]\times7=7.67(\text{台时})$$

因此，计算得出：10t自卸汽车运距2.3 km台时数量为7.67台时，工程单价计算结果见表5.4，土方挖运单价13.95元/m^3。

表5.4 土方挖运单价分析表

定额编号	10617、10618	适用范围	露天作业	定额单位	$100m^3$
定额依据	一-36 $1m^3$ 挖掘机挖土自卸汽车运输	土的级别	Ⅰ、Ⅱ类土	密度	
工作内容	挖装、运输、卸除、空回				
序号	名称及规格	单位	数量	单价/元	合价/元
一	直接工程费				1237.61
1	直接费				1100.10
(1)	人工费				21.80
	初级工	工时	6.3	3.46	21.80
(2)	材料费				42.31
	零星材料费	%	4	1057.79	42.31
(3)	机械使用费				1035.99
	$1m^3$ 挖掘机	台时	0.95	153.36	145.69
	59kW 推土机	台时	0.47	78.91	37.09
	10t自卸汽车	台时	7.67	111.24	853.21
2	其他直接费	%	3.5	1100.10	38.50
3	现场经费	%	9	1100.10	99.01
二	间接费	%	9	1237.61	111.38
三	利润	%	7	1348.99	94.43
四	税金	%	3.22	1443.42	46.48
	合计				1395.47
	每立方米				13.95

5.1.2.3 土方开挖、运输工程单价分析时的注意事项

（1）一般土方开挖定额，适用于一般明挖土方工程和上口宽度超过16m的渠道及上口面积大于$80m^2$柱坑的土方工程。

（2）渠道土方开挖定额，适用于上口宽小于或等于16m的梯形断面、长方形、底边需要修整的渠道土方工程。

(3) 沟槽土方开挖定额，适用于上口宽小于或等于8m的矩形断面或边坡陡于1：0.5的梯形断面，长度大于宽度3倍的长条形，只修底不修边坡的土方工程。

(4) 平洞土方开挖定额，适用于水平夹角小于或等于6°、断面积大于2.5m^2的洞挖工程。

(5) 斜井土方开挖定额，适用于水平夹角为6°～75°、断面积大于2.5m^2的洞挖工程。

(6) 竖井土方开挖定额，适用于水平夹角大于75°，断面积大于2.5m^2、深度大于上口短边长度或直径的洞挖工程。

(7) 砂砾（卵）石开挖和运输，按Ⅳ类土定额计算。

5.1.3 石方开挖工程单价

水利水电工程中，石方开挖工程主要是基础和洞井开挖。石方开挖工程单价包括开挖、运输和支护等工序的费用。开挖及运输均以自然方为计量单位。

5.1.3.1 石方开挖工程

石方开挖按施工条件分为明挖石方和暗挖石方；按施工方法分为钻孔爆破法和掘进机开挖。包括钻孔、爆破、撬移、解小、翻渣、清面、修整断面、安全处理、挖排水沟坑等工序的费用。

5.1.3.2 石方运输

石方运输采用人力运输和机械运输。人力运输适用于工作面狭小，运距短，施工强度低的工程部位。运输机械有自卸汽车、电瓶车、内燃机车等，自卸汽车运输的适应性较大、工效高，一般工程均可采用。电瓶车可用于洞井出渣；内燃机车适用于距离较长的运输，但一次性投资较大。

【例5.3】 某工程基础石方开挖，岩石级别Ⅻ级，基础开挖深度3m，采用手持式风钻钻孔爆破，1m^3液压挖掘机8t自卸汽车运6km弃料，人工、材料及机械单价见表5.5，其他直接费费率3.5%，现场经费费率9%，间接费费率9%，利润率7%，税率3.22%，试计算石方开挖工程单价。

表5.5　人工、机械台时单价汇总表

序号	名称	单位	单价/元	序号	名称	单位	单价/元
1	初级工	工时	3.46	7	导火线	m	0.5
2	中级工	工时	6.22	8	1m^3液压挖掘机	台时	153.36
3	工长	工时	7.81	9	88kW推土机	台时	133.54
4	合金钻头	个	120.0	10	8t自卸汽车	台时	95.43
5	炸药	kg	6.55	11	手持式风钻	台时	26.21
6	火雷管	个	0.8				

解： 查《水利建筑工程概算定额》二-34　1m^3挖掘机装石渣汽车运输，定额编号20461、20462（附表4），得8t自卸汽车运输6km需（21.88+2.27）台时，计算结果见表5.6，石渣运输直接费30.42元/m^3。查《水利建筑工程概算定额》二-11　基础石方开挖——风钻钻孔，定额编号20135（附表3），计算结果见表5.7，石方开挖工程单价

94.92元/m^3。

表5.6　　石渣运输单价分析表

定额编号	20461、20462	适用范围	露天作业	定额单位	100m^3
定额依据	二-34　1m^3挖掘机挖石渣汽车运输		土的级别		密度
工作内容	挖装、运输、卸除、空回				
序号	名称及规格	单位	数量	单价/元	合价/元
1	直接费				3049.91
(1)	人工费				64.70
	初级工	工时	18.7	3.46	64.70
(2)	材料费				59.80
	零星材料费	%	2	2990.11	59.80
(3)	机械使用费				2925.41
	1m^3挖掘机	台时	2.82	153.36	432.48
	88kW推土机	台时	1.41	133.54	188.29
	8t自卸汽车	台时	21.88+2.27	95.43	2304.64

表5.7　　石方开挖单价分析表

定额编号	20135	适用范围		定额单位	100m^3
定额依据	二-11　基础石方开挖——风钻钻孔		土的级别	Ⅺ～Ⅻ	密度
工作内容	钻孔、爆破、撬移、解小、翻渣、清面、修整断面、安全处理、挖排水沟坑等				
序号	名称及规格	单位	数量	单价/元	合价/元
一	直接工程费				7884.37
1	直接费				7008.33
(1)	人工费				1400.76
	工　长	工时	6.8	7.81	53.11
	中级工	工时	80.6	6.22	501.33
	初级工	工时	244.6	3.46	846.32
(2)	材料费				1596.19
	合金钻头	个	5.46	120	655.20
	炸　药	kg	61	6.55	399.55
	火雷管	个	269	0.8	215.20
	导火线	m	416	0.5	208.00
	其他材料费	%	8	1477.95	118.24
(3)	机械使用费				747.88
	手持式风钻	台时	25.94	26.21	679.89
	其他机械费	%	10	679.89	67.99
(4)	石渣运输	m^3	107	30.50	3263.50

续表

序号	名称及规格	单位	数量	单价/元	合价/元
2	其他直接费	%	3.5	7008.33	245.29
3	现场经费	%	9	7008.33	630.75
二	间接费	%	9	7884.37	709.59
三	利润	%	7	8593.96	601.58
四	税金	%	3.22	9195.54	296.10
	合计				9491.64
	每立方米				94.92

5.1.3.3 支撑与支护

为防止隧洞或边坡在开挖过程中因山岩压力变化而发生软弱破碎地层的坍塌，避免个别石块跌落，确保施工安全，必须对开挖后的空间进行必要的临时支撑或支护。

支撑与支护类型：钢支撑、锚杆（随机锚杆或系统锚杆）、喷射混凝土（包括喷射素混凝土、钢纤维喷射混凝土、钢丝网或钢丝网喷射混凝土）、预应力锚束、锚杆和各种喷射混凝土的组合。

5.1.3.4 使用定额时应注意的问题

(1) 在概算中，石方开挖各节子目中均列有“石渣运输”项目，编制石方开挖综合单价时，按定额石渣运输量乘石渣运输单价（仅计算直接费）计算。

(2) 石渣运输分露天运输与洞内运输。平洞石渣运输按露天、洞内运距之和计算。

(3) 石方开挖中的其他材料费包括：脚手架、排架、操作平台、棚架、漏斗等的搭拆摊销费，冲击器、钻杆、空心钢的摊销费，炮泥、燃香、火柴的次要材料费。

(4) 一般石方开挖定额，适用于一般明挖石方和底宽超过 7m 的沟槽石方、上口面积大于 $160m^2$ 的坑挖石方以及倾角小于或等于 20°并垂直于设计面平均厚度大于 5m 的坡面石方等开挖工程。

(5) 一般坡面石方开挖定额，适用于设计倾角大于 20°、垂直于设计面的平均厚度小于或等于 5m 的石方开挖工程。

(6) 沟槽石方开挖定额，适用于底宽小于或等于 7m、两侧垂直或有边坡的长条形石方开挖工程。

(7) 坡面沟槽石方开挖定额，适用于槽底轴线与水平夹角大于 20°的沟槽石方开挖工程。

(8) 坑石方开挖定额，适用于上口面积小于或等于 $160m^2$、深度小于或等于上口短边长度或直径的石方开挖工程。

(9) 基础石方开挖定额，适用于不同开挖深度的基础石方开挖工程。

(10) 平洞石方开挖定额，适用于水平夹角小于或等于 6°的洞挖工程。

(11) 斜井石方开挖定额，适用于水平夹角为 45°～75°的井挖工程。水平夹角 6°～45°的斜井，按斜井石方开挖定额乘 0.9 系数计算。

(12) 竖井石方开挖定额，适用于水平夹角大于 75°、上口面积大于 $5m^2$、深度大于上口短边长度或直径的洞挖工程。

(13) 地下厂房石方开挖定额，适用于地下厂房或窑洞式厂房开挖工程。

(14) 炸药按1～9kg包装的炸药价格计算，其代表型号规格如下：

1) 一般石方开挖：2号岩石铵梯炸药。

2) 边坡、槽、坑、基础石方开挖：2号岩石铵梯炸药和4号抗水岩石铵梯炸药各半计算。

3) 平洞、斜井、竖井、地下厂房石方开挖：4号抗水岩石铵梯炸药。

5.1.4 土石填筑工程单价

土石填筑工程包括抛石、砌石、土料及砂石料压实，主要有砌石工程、土方填筑工程和堆石坝填筑工程。

5.1.4.1 砌石工程

水利水电工程中，采用石料砌筑重力坝、拱坝、拱圈、桥墩、闸墩、基础、挡土墙、护岸、护坡、护底等水工建筑物及建筑物部位。按施工方法分为干砌石和浆砌石。砌石工程单价包括选材、拌制砂浆、砌筑、勾缝等工序的费用。

【例5.4】 某水闸进口段扭面采用浆砌块石砌筑，人工、材料、机械预算单价为：工长7.81元/工时，中级工6.22元/工时，初级工3.46元/工时，M10水泥砂浆单价145.42元/m^3，块石单价72元/m^3，0.4m^3砂浆搅拌机的台时费为21.19元/台时，胶轮车的台时费为0.9元/台时，其他直接费费率3.5%，现场经费费率9%，间接费费率9%，利润率7%，税率3.22%，试计算砌石工程单价。

解： 查《水利建筑工程概算定额》三-8 浆砌块石，定额编号30030（附表5），计算结果见表5.8，砌石工程单价370.33元/m^3。

表5.8 砌石工程单价分析表

定额编号	30030	适用范围		定额单位	100m^3砌体方
定额依据	三-8 浆砌块石		土的级别		密度
工作内容	选石、修石、冲洗、拌制砂浆、砌筑、勾缝				
序号	名称及规格	单位	数量	单价/元	合价/元
一	直接工程费				30577.09
1	直接费				27179.63
(1)	人工费				4705.75
	工长	工时	19.8	7.81	154.64
	中级工	工时	436.2	6.22	2713.16
	初级工	工时	531.2	3.46	1837.95
(2)	材料费				22188.20
	块石	m^3	108	70	7560.00
	砂浆	m^3	35.3	145.42	5133.33
	其他材料费	%	0.5	18989.73	9494.87

续表

序　号	名称及规格	单位	数量	单价/元	合价/元
(3)	机械使用费				285.68
	0.4m³ 砂浆搅拌机	台时	6.54	21.19	138.58
	胶轮车	台时	163.44	0.9	147.1
2	其他直接费	%	3.5	27179.63	951.29
3	现场经费	%	9	27179.63	2446.17
二	间接费	%	9	30577.09	2751.94
三	利润	%	7	33329.03	2333.03
四	税金	%	3.22	35662.06	1148.32
五	材料调差价				222.96
	块石	m³	108	2×(1+3.22%)	222.96
	合计				37033.34
	每立方米				370.33

5.1.4.2　土方填筑工程

水利水电工程中，土坝、渠堤、土围堰等水工建筑物，需要大量的土方回填、压实。土方填筑工程单价包括土料开采、运输、推平、刨毛、碾压、削坡、补边夯、洒水等工序的费用。

【例5.5】 某填筑工程，土方自料场直接运输，拖拉机压实，土质级别为Ⅲ类土，设计干密度17.0kN/m³。人工、材料、机械预算单价为：初级工3.46元/工时，74kW拖拉机的台时费为84.06元/台时，74kW推土机的台时费为108.84元/台时，2.8kW蛙式打夯机的台时费为11.56元/台时，刨毛机的台时费为64.22元/台时，其他直接费费率3.5%，现场经费费率9%，间接费费率9%，利润率7%，税率3.22%，土方挖运单价13.75元/m³，试计算土方填筑工程单价。

解： 查《水利建筑工程概算定额》三-19　土石坝物料压实，定额编号30076（附表6），将人工、机械数量乘以0.8系数，计算结果见表5.9，土方填筑工程单价28.48元/m³。

表5.9　　**土方填筑单价分析表**

定额编号	30076（调）	适用范围	土料		定额单位	100m³ 实方
定额依据	三-19　土石坝物料压实		土的级别	Ⅲ类土	密度	>16.67
工作内容	推平、刨毛、碾压、削坡、洒水、补夯边及坝面各种辅助工作					
序号	名称及规格	单位	数量	单价/元	合价/元	
一	直接工程费				2365.62	
1	直接费				2102.77	
(1)	人工费				69.55	

续表

序号	名称及规格	单位	数量	单价/元	合价/元
	初级工	工时	20.1	3.46	69.55
(2)	材料费				42.07
	零星材料费	%	10	336.61	33.66
(3)	机械使用费				267.06
①	74kW 拖拉机	台时	2.12	84.06	178.21
②	74kW 推土机	台时	0.44	108.84	47.89
③	2.8kW 蛙式打夯机	台时	0.87	11.56	10.06
④	刨毛机	台时	0.44	64.22	28.26
⑤	其他机械费	台时	1	264.42	2.64
(4)	土料运输（自然方）	m^3	126	13.75	1732.50
2	其他直接费	%	3.5	2102.77	73.60
3	现场经费	%	9	2102.77	189.25
二	间接费	%	9	2365.62	212.91
三	利润	%	7	2578.53	180.50
四	税金	%	3.22	2759.03	88.84
	合计				2847.87
	每立方米				28.48

5.1.4.3 堆石坝填筑工程

堆石坝是利用开挖石渣筑坝，可采用机械化流水作业。堆石坝填筑工程单价包括堆石料备料单价、运输单价和压实单价。

（1）堆石料备料单价是指在石料场堆存点加工每 $1m^3$ 成品堆方堆石料的费用。

（2）运输单价是指从石料场堆石料堆存点装车并运输上坝至填筑工作面的工序单价。

（3）压实单价套用《水利建筑工程概算定额》土石坝物料压实一节子目计算。

5.1.4.4 编制单价时应注意的问题

（1）土石方填筑工程计量单位，除注明者外，均按实方计算。

（2）土石填筑工程定额未包括土石坝物料的备料、运输单价。

（3）土料需二次转运时，开采运输和运输上坝应分别计入开挖和填筑单价中。

（4）土石坝物料压实按自料场直接运输上坝与自成品供料场运输上坝两种情况编制。如为非土石堤、坝的一般土料、砂石料压实，其人工、机械定额乘以 0.8 系数。

（5）过渡料如无级配要求时，可采用砂砾石定额子目；如有级配要求，需经筛分处理时，则应采用反滤料定额子目。

（6）土石填筑工程中未列土石坝物料的运输定额。编制时可根据情况选用本定额其他章节运输定额，并乘以坝面施工干扰系数 1.02。其中：自料场直接运输上坝的物料运输，采用《水利建筑工程概算定额》第一章土方开挖工程和第二章石方开挖定额相应子目，砂砾料运输按Ⅳ类土定额计算；自成品供料场上坝的物料运输，采用《水利建筑工程概算定额》第六章砂石备料工程定额，反滤料运输采用骨料运输定额。

5.1.5 混凝土工程单价

5.1.5.1 混凝土工程内容及分类

混凝土工程包括常态混凝土、碾压混凝土、沥青混凝土、混凝土预制及安装、钢筋制作及安装，以及混凝土拌制、运输，止水等。混凝土工程按施工方法分为现浇和预制混凝土。

5.1.5.2 现浇混凝土单价（包括拌制、运输、浇筑）

现浇混凝土单价包括混凝土材料单价、混凝土拌制单价、混凝土运输单价和混凝土浇筑单价。

(1) 混凝土拌制单价。混凝土拌制方式可采用一台搅拌机、多台搅拌机和搅拌楼，根据施工组织设计选定的拌制机械套用定额子目计算直接费。

(2) 混凝土运输单价。现浇混凝土运输，指混凝土自搅拌楼或搅拌机出料口至浇筑现场工作面的全部费用之和。

(3) 混凝土浇筑单价。混凝土浇筑根据设计选定的建筑物部位、混凝土种类、施工工艺套用定额子目，加上混凝土拌制和运输费用，计算混凝土浇筑单价。

【例5.6】 水泵站上部采用现浇混凝土C20级，使用0.8m^3搅拌机拌制混凝土，胶轮车运距50m，塔式起重机吊运3m^3混凝土吊罐高8.2m，人工、材料及机械单价见表5.10，其他直接费费率3.5%，现场经费费率8%，间接费费率5%，利润率7%，税率3.22%，试计算现浇混凝土工程单价。

表5.10　人工、材料、机械台时单价汇总表

序号	名称	单位	单价/元	序号	名称	单位	单价/元
1	初级工	工时	3.46	7	0.8m^3搅拌机	台时	29.92
2	中级工	工时	6.22	8	胶轮车	台时	0.90
3	高级工	工时	7.28	9	25t塔式起重机	台时	162.19
4	工长	工时	7.81	10	混凝土吊罐	台时	12.15
5	混凝土	m^3	177.37	11	1.1kW振动器	台时	2.08
6	水	m^3	1.40	12	风水枪	台时	54.58

解： 根据题意查《水利建筑工程概算定额》四-35 搅拌机拌制混凝土，定额编号40172（附表10）、四-38 胶轮车运混凝土，定额编号40180（附表11）、四-49 塔式起重机吊运混凝土，定额编号40241（附表12）（混凝土水平运输和垂直运输）和四-4 泵站，定额编号40017（附表7），计算结果见表5.11～表5.13，混凝土拌制直接费10.29元/m^3，混凝土运输直接费7.22元/m^3，现浇混凝土工程单价328.38元/m^3。

表5.11 **混凝土拌制单价分析表**

定额编号	40172	适用范围	各种级配常态混凝土	定额单位	100m³
定额依据	四-35 搅拌机拌制混凝土	土的级别		密度	
工作内容	配料、加水、加外加剂、搅拌、出料、清洗及辅助工作				
序号	名称及规格	单位	数量	单价/元	合价/元
1	直接费				1390.94
(1)	人工费				1013.86
	中级工	工时	93.8	6.22	583.44
	初级工	工时	124.4	3.46	430.42
(2)	材料费				27.27
	零星材料费	%	2	1363.67	27.27
(3)	机械使用费				349.81
	搅拌机	台时	9.07	29.92	271.37
	胶轮车	台时	87.15	0.9	78.44

表5.12 **混凝土运输单价分析表**

定额编号	40180、40241	适用范围	内燃机车或汽车运混凝土吊罐给料	定额单位	100m³
定额依据	四-38 胶轮车运混凝土、四-49 塔式起重机吊运混凝土	土的级别		密度	
工作内容	装料、运输、卸料、空回、冲洗、清理及辅助工作				
序号	名称及规格	单位	数量	单价/元	合价/元
1	直接费				839.49
(1)	人工费				345.04
	高级工	工时	2.7	7.28	19.66
	中级工	工时	8.2	6.22	51.00
	初级工	工时	76.6+2.7	3.46	274.38
(2)	材料费				
	零星材料费	%	6	791.97	47.52
(3)	机械使用费				446.93
	胶轮车	台时	58.8	0.9	52.92
	25t塔式起重机	台时	2.26	162.19	366.55
	3m³ 混凝土吊罐	台时	2.26	12.15	27.46

表 5.13 **现浇混凝土工程单价分析表**

定额编号	40017	适用范围	抽水站、扬水站等各式泵站		定额单位	100m³
定额依据	四-4 泵站		土的级别		密度	
工作内容	冲毛、冲洗、清仓、铺水泥砂浆、平仓浇筑、振捣、养护、工作面运输及辅助工作					

序号	名称及规格	单位	数量	单价/元	合价/元
一	直接工程费				27371.96
1	直接费				26218.63
(1)	人工费				4250.77
	工长	工时	22.9	7.81	178.85
	高级工	工时	76.3	7.28	555.46
	中级工	工时	442.3	6.22	2751.11
	初级工	工时	221.2	3.46	765.35
(2)	材料费				19364.88
	混凝土	m^3	104	177.37	18446.48
	水	m^3	124	1.40	173.60
	其他材料费	%	4	18620.08	744.80
(3)	机械使用费				283.78
	1.1kW 振动器	台时	58.06	2.08	120.77
	风水枪	台时	2.12	54.58	115.71
	其他机械费	%	20	236.48	47.30
(4)	混凝土拌制	m^3	104	13.91	1446.64
(5)	混凝土运输	m^3	104	8.39	872.56
2	其他直接费	%	3.5	26218.63	917.65
3	现场经费	%	8	26218.63	2097.49
二	间接费	%	5	28316.12	1415.81
三	利润	%	7	29731.93	2081.23
四	税金	%	3.22	31813.16	1024.39
	合计				32837.54
	每立方米				328.38

5.1.5.3 预制混凝土单价

预制混凝土包括混凝土预制、构件运输和安装三个工序。

(1) 混凝土预制的工序与现浇混凝土基本相同。套用相关定额计价。

(2) 混凝土预制构件运输装车、运输、卸车，是指构件预制场地至安装现场之间的运输。应按施工组织设计确定的运输方式、装卸和运输机械、运输距离套用相应的定额子目计算直接费。

(3) 混凝土预制构件安装包括构件现场冲洗、拌浆、吊装、砌筑、勾缝及场内运输等。按构件种类套用定额子目计算预制混凝土安装工程单价。

【例 5.7】 某U形渡槽，槽身采用预制混凝土，手扶拖拉机运输构件至施工现场需 450m。人工、材料、机械预算单价为：工长 7.81 元/工日，高级工 7.28 元/工日，中级工 6.22 元/工日，初级工 3.46 元/工时，C20 级混凝土 177.37 元/m^3，水 1.15 元/m^3，11kW 手扶拖拉机的台时费为 16.29 元/台时，1.1kW 振动器 2.08 元/台时，锯材 1363.73 元/m^3，组合钢模板 6.0 元/kg，型钢 5.5 元/kg，卡扣件 6.5 元/kg，铁件 8.0 元/kg，电焊条 7.5 元/kg，环氧砂浆 12500 元/m^3，膨胀混凝土 512.0 元/m^3，其他直接费费率 3.5%，现场经费费率 8%，间接费费率 5%，利润率 7%，税率 3.22%，混凝土运输直接费 7.22 元/m^3，试计算预制混凝土工程单价。

解： 根据题意查《水利建筑工程概算定额》四-55 手扶拖拉机运混凝土预制板，定额编号 40265、40266（附表 13）（300m+50m×3=450m）和四-19 渡槽槽身预制及安装，定额编号 40101（附表 9），11kW 手扶拖拉机运输定额为 64.39+1.32×3=68.35 台时，计算结果见表 5.14 和表 5.15，混凝土运输直接费 17.95 元/m^3；预制混凝土工程单价 1255.89 元/m^3。

表 5.14 混凝土预制件运输单价分析表

定额编号	40265、40266	适用范围	人工装车	定额单位	$100m^3$
定额依据	四-55 手扶拖拉机运混凝土预制板		土的级别		密度
工作内容	装料、运输、卸料、空回、冲洗、清理及辅助工作				
序号	名称及规格	单位	数量	单价/元	合价/元
1	直接费				1795.07
(1)	人工费				629.37
	初级工	工时	181.9	3.46	629.37
(2)	材料费				52.28
	零星材料费	%	3	1742.79	52.28
(3)	机械使用费				1113.42
	11kW 手扶拖拉机	台时	64.39+1.32×3	16.29	1113.42

表 5.15 预制混凝土安装工程单价分析表

定额编号	40101	适用范围	各型混凝土渡槽	定额单位	$100m^3$
定额依据	四-19 渡槽槽身预制及安装		土的级别		密度
工作内容	预制场冲洗、清理、配料、拌制、浇筑、振捣、养护、模板制作、安装、拆除、吊装、勾缝等				
序号	名称及规格	单位	数量	单价/元	合价/元
一	直接工程费				108296.37
1	直接费				97126.79
(1)	人工费				40255.70
	工长	工时	262.1	7.81	2047.00
	高级工	工时	1239.8	7.28	9025.74
	中级工	工时	3718.6	6.22	23129.69

续表

序号	名称及规格	单位	数量	单价/元	合价/元
	初级工	工时	1749.5	3.46	6053.27
(2)	材料费				40233.85
	锯材	m^3	2.4	1363.73	3272.95
	组合钢模板	kg	376	6.0	2256.00
	型钢	kg	764	5.5	4202.00
	卡扣件	kg	154.45	6.5	1003.93
	铁件	kg	603	8.0	4824.00
	电焊条	kg	29.46	7.5	220.95
	环氧砂浆	m^3	0.1	12500	1250.00
	膨胀混凝土	m^3	6.59	512.0	3374.08
	混凝土	m^3	104	177.37	18446.48
	水	m^3	184	1.15	211.60
	其他材料费	%	3	39061.99	1171.86
(3)	机械使用费				14791.70
	1.1kW振动器	台时	46.2	2.08	96.10
	0.4m^3 搅拌机	台时	19.28	54.58	1052.30
	胶轮车	台时	97.44	0.9	87.70
	5t载重汽车	台时	3.82	64.09	244.82
	25kV·A电焊机	台时	34.65	10.58	366.60
	3t卷扬机	台时	51.45	17.04	876.71
	40t起重机	台时	33.60	319.13	10722.77
	其他机械费	%	10	13447.0	1344.70
(4)	预制件运输	m^3	100	17.95	1795.00
(5)	混凝土运输	m^3	7	7.22	50.54
2	其他直接费	%	3.5	97126.79	3399.44
3	现场经费	%	8	97126.79	7770.14
二	间接费	%	5	108296.37	5414.82
三	利润	%	7	113711.19	7959.78
四	税金	%	3.22	121670.97	3917.81
	合计				125588.78
	每立方米				1255.89

5.1.5.4 混凝土温控费用计算

水利水电工程施工中，大体积混凝土浇筑后，容易在混凝土表面及其与基础接触部位产生许多裂缝，这些裂缝主要是由于大体积混凝土内部温度变化产生等温度应力所引起的温度裂缝。水泥在凝结硬化过程中，含放出大量的水化热，水泥在开始凝结时放热较快，以后逐渐变慢，普通水泥最初3d放出的总热量占总水化热的一半以上。混凝土的温度随水化热的逐渐释放而升高，当混凝土的浇筑块尺寸较大时，其散热条件较差，由于混凝土导热性能不良，水化热基本上都积聚在浇筑块内，从而引起混凝土温度明显升高，且幅度较大，自然散热极其缓慢。为了防止混凝土出现裂缝，混凝土坝体内的最高温度必须严格加以控制。

（1）混凝土温控措施。采用冷水喷淋或一、二次风冷骨料，加片冰和（或）加冷水拌制混凝土等方法来降低混凝土的出机口温度；在坝体混凝土内预埋冷却水管，进行一、二期通风冷却。

（2）温度控制措施费用计算。参考《水利建筑工程概算定额》附录10计算。

5.1.5.5　钢筋制作与安装

钢筋制作与安装的工作内容：回直、除锈、切断、弯制、焊接、绑扎及加工厂至施工场地运输。采用同一定额子目计算。

5.1.5.6　编制单价时应注意的问题

（1）混凝土定额的主要工作内容。

1）常态混凝土浇筑：冲（凿）毛、冲洗、清仓、铺水泥砂浆、平仓浇筑、振捣、养护以及工作面运输及辅助工作。

2）碾压混凝土浇筑：冲毛、冲洗、清仓、铺水泥砂浆、平仓、碾压、切缝、养护以及工作面运输及辅助工作。

3）沥青混凝土浇筑：配料、混凝土加温、铺筑、养护、模板制作、安装、拆除、修整以及场内运输及辅助工作。

4）预制混凝土：预制场冲洗、清理、配料、拌制、浇筑、振捣、养护，模板制作、安装、拆除、修整，现场冲洗、拌浆、吊装、砌筑、勾缝以及预制场和安装现场场内运输及辅助工作。

5）混凝土拌制：配料、加水、加外加剂、搅拌、出料、清洗及辅助工作。

6）混凝土运输：装料、运输、卸料、空回、冲洗、清理及辅助工作。

（2）平洞衬砌定额，适用于水平夹角小于和等于6°单独作业的平洞。如开挖、衬砌平行作业时，按平洞定额的人工和机械定额乘1.1系数；水平夹角大于6°的斜井衬砌，按平洞定额的人工、机械乘1.23系数。

5.1.6　模板工程单价

5.1.6.1　模板工程

模板用于支撑混凝土拌和物的重量和侧压力，使其按设计要求的形状凝固成形。模板按型式分为平面模板和异形模板；按材料分为木模板、钢模板和预制混凝土模板；按安装性质可分为固定模板和移动模板。

模板单价包括模板及其支撑结构的制作、安装、拆除、场内运输及修理等工序的费用。

5.1.6.2　模板工程单价

模板工程单价分为模板制作与模板安装工程单价。

（1）模板制作工程单价包括木模板及钢支架制作、铁件制作、模板运输等工序的费用。

（2）模板安装工程单价包括模板及钢支架安装、拆除、除灰、刷脱模剂、维修、倒仓等工序的费用。

【例5.8】 某U形渡槽槽身，采用木模与组合钢模板预制混凝土。人工、材料、机械预算单价为：工长7.81元/工时，高级工7.28元/工时，中级工6.22元/工时，初级工3.46元/工时，锯材1363.73元/m^3，组合钢模板6元/kg，型钢5.5元/kg，卡扣件6.5元/kg，铁件8.0元/kg，电焊条7.5元/kg，圆盘锯的台时费为16.86元/台时，双面刨床的台时费为14.02元/台时，13kW型钢剪断机的台时费为27.38元/台时，20kW钢筋剪断机的台时费为20.51元/台时，$\phi6\sim\phi40$钢筋弯曲机的台时费为11.94元/台时，5t载重汽车的台时费为64.09元/台时，25kV·A电焊机的台时费为10.58元/台时，其他直接费费率3.5%，现场经费费率9%，间接费费率9%，利润率7%，税率3.22%，试计算模板制安工程单价。

解：根据题意查《水利建筑工程概算定额》五-17 渡槽槽身模板制作，定额编号50085（附表15）、五-6 渡槽槽身模板，定额编号50025（附表14）。计算结果见表5.16和表5.17，模板制作直接费27.31元/m^2；模板安装工程单价70.60元/m^2。

表5.16　　模板制作工程单价分析表

定额编号	50085	适用范围	各型渡槽槽身	定额单位	100 m^2
定额依据	五-17 渡槽槽身模板制作		土的级别		密度
工作内容	木模板及钢支架制作、铁件制作、模板运输				
序号	名称及规格	单位	数量	单价/元	合价/元
1	直接费				2731.46
(1)	人工费				225.23
	工长	工时	2.7	7.81	21.09
	高级工	工时	9.8	7.28	71.34
	中级工	工时	19.0	6.22	118.18
	初级工	工时	4.3	3.46	14.62
(2)	材料费				2440.6
	锯材	m^3	0.4	1363.73	545.49
	组合钢模板	kg	75	6.0	450
	型钢	kg	127	5.5	698.5
	卡扣件	kg	28	6.5	182
	铁件	kg	63	8.0	504
	电焊条	kg	1.7	7.5	12.75
	其他材料费	%	2	2392.74	47.86
(3)	机械使用费				65.63
	圆盘锯	台时	0.55	16.86	9.27

续表

序号	名称及规格	单位	数量	单价/元	合价/元
	双面刨床	台时	0.53	14.02	7.43
	13kW 型钢剪断机	台时	0.25	27.38	6.85
	20kW 钢筋剪断机	台时	0.03	20.51	0.62
	ϕ6～ϕ40 钢筋弯曲机	台时	0.07	11.94	0.84
	5t 载重汽车	台时	0.24	64.09	15.38
	25kV·A 电焊机	台时	2.09	10.58	22.11
	其他机械费	%	5	62.5	3.13

表 5.17　模板安装工程单价分析表

定额编号	50025	适用范围	各型渡槽槽身	定额单位	$100m^2$
定额依据	五-6 渡槽槽身模板		土的级别		密度
工作内容	模板及钢支架安装、拆除、除灰、刷脱模剂、维修、倒仓				
序号	名称及规格	单位	数量	单价/元	合价/元
一	直接工程费				5864.55
1	直接费				5620.94
(1)	人工费				1538.14
	工长	工时	29.0	7.81	158.92
	高级工	工时	93.5	7.28	477.79
	中级工	工时	216.2	6.22	836.69
	初级工	工时	27.2	3.46	64.74
(2)	材料费				3087.24
	模板	m^2	100	27.31	2731.00
	铁件	kg	43	8.0	344
	电焊条	kg	0.7	7.5	5.25
	其他材料费	%	2	349.25	6.99
(3)	机械使用费				995.56
	5t 汽车起重机	台时	13.4	69.13	926.34
	25kV·A 电焊机	台时	2.06	10.58	21.8
	其他机械费	%	5	948.15	47.41
2	其他直接费	%	3.5	5620.94	196.73
3	现场经费	%	9	5620.94	46.88
二	间接费	%	9	5864.55	527.81
三	利润	%	7	6392.36	447.47
四	税金	%	3.22	6839.83	220.24
	合计				7060.07
	每立方米				70.60

5.1.6.3 模板定额使用时应注意的问题

（1）模板计量面积为混凝土与模板的接触面积，即建筑物体形及施工分缝要求所需的立模面面积。

(2) 如采用外购模板，模板预算价格计算公式为

模板预算价格=(外购模板预算价格－残值)÷周转次数×综合系数

式中：残值率为10%；周转次数为50次；综合系数为1.15(含露明系数及维修损耗系数)。

(3) 该章定额中的五-1至五-11节的模板定额，其他材料费的计算基数，不包括模板本身的价值。

5.1.7 钻孔灌浆及锚固工程单价

水工建筑物对地基的要求和地基的地质条件不同，地基处理工程的种类主要有灌浆、防渗墙、桩基、预应力锚固和其他。

5.1.7.1 灌浆

灌浆有帷幕灌浆、固结灌浆、劈裂灌浆、回填灌浆和坝体接缝灌浆等。概算定额分钻孔和灌浆工程。

灌浆是使用钻机在地基上钻孔，经过表面处理和压水试验后，利用灌浆机施压，将浆液(水泥、黏土、化学品等)通过灌浆管灌入岩石、土或建筑物等地基中，使其胶结成坚固、密实、透水性小的整体。

灌浆工程单价的计算，应根据设计确定的孔深、灌浆压力、岩石(地层)级别、岩石(地层)的透水率、锚杆长度等参数，按施工组织设计确定的钻机、灌浆方式、施工方法、施工条件，选用《水利建筑工程概算定额》的相关子目进行计算。单价计算方法与前述单价计算方法相同。

5.1.7.2 防渗墙

坝基为冲积层时，应设置混凝土防渗墙，能有效防止渗漏。

防渗墙按材料可分为钢筋混凝土防渗墙、素混凝土防渗墙、水泥黏土防渗墙、固化灰浆防渗墙和泥浆槽防渗墙等。

《水利建筑工程概算定额》将防渗墙称为地下连续墙，分为地下连续墙成槽和地下连续墙浇筑混凝土。

地下连续墙成槽包括冲击钻机成槽法、冲击反循环钻机成槽法、液压开槽机开槽法和射手成槽机成槽法。按施工组织设计要求不同的施工方法，不同墙厚、地层选用《水利建筑工程概算定额》的相关子目计算直接费。

地下连续墙浇注包括搭拆浇注平台、装拆导管、浇筑及质量检查、墙顶混凝土凿除等工序。选用《水利建筑工程概算定额》的相关子目进行计价。单价计算方法与前述单价计算方法相同。

5.1.7.3 桩基工程

桩基工程是为了提高地基承载力、抗剪强度和稳定性的一种地基加固方法。按施工方法分为振冲桩和灌注桩。

(1) 振冲桩。软弱地基中，利用能产生水平向振动的管状振冲器，在高压水流下边振动边冲成孔，再在孔内填入碎石或水泥等坚硬材料，借振冲器的水平和垂直振动，振密填料，形成桩体，使桩体和原来的土体构成复合地基。

(2) 灌注桩。灌注桩施工工艺类似于防渗墙的圆孔法，采用泥浆固壁成孔，导管法浇筑水下混凝土。

选用《水利建筑工程概算定额》的相关子目进行计价，单价计算方法与前述单价计算方法相同。

【例5.9】 某工程位于县城镇以外，坝基注水试验透水率为10～20Lu。设计采用坝基单排帷幕灌浆基础防渗。帷幕灌浆造孔总进尺1600m，坝基Ⅴ～Ⅷ级岩石，灌浆总量1300m³，钻孔的平均深度18m，帷幕灌浆采用自上而下的施工方法。有关基础单价及费率见表5.18。

表5.18 基础单价及费率表

序号	项目名称	单位	预算价格/元	序号	项目名称	单位	预算价格/元
1	工长	工时	7.81	14	铁砂钻头	个	70
2	高级工	工时	7.28	15	钻杆接头	个	16
3	中级工	工时	6.22	16	150型地质钻机	台时	26.5
4	初级工	工时	3.46	17	300型地质钻机	台时	32.5
5	合金钻头	个	45	18	灌浆泵中压泥浆	台时	23.5
6	合金片	kg	200	19	胶轮车	台时	0.90
7	岩芯管	m	80	20	泥浆搅拌机	台时	18.8
8	钻杆	m	45	21	灰浆搅拌机	台时	7.8
9	水泥	t	290	22	其他直接费	%	3.5
10	水	m³	1.15	23	现场经费	%	7.0
11	黏土	t	18.0	24	间接费	%	7.0
12	砂	m³	26	25	利润	%	7.0
13	铁砂	kg	3.0	26	税金	%	3.22

试分析帷幕灌浆钻孔、灌浆工程单价。

解： (1) 选用帷幕灌浆钻孔定额 七-1 钻机钻岩石层帷幕灌浆孔——自上而下灌浆法，定额编号70005（附表16）。计算帷幕灌浆的造孔单价见表5.19，计算结果帷幕灌浆造孔单价为110.75元/m。

表5.19 帷幕灌浆造孔工程单价分析表

定额编号	70005	适用范围	露天作业		定额单位	100m
定额依据	七-1 钻机钻岩石层帷幕灌浆孔		土的级别	Ⅴ～Ⅷ	密度	
工作内容	钻孔、清孔、钻灌交替、扫孔、孔位转移、检查孔钻孔					
序号	名称及规格	单位	数量	单价/元	合价/元	
一	直接工程费				9371.35	
1	直接费				8480.86	
(1)	人工费				2406.02	
	工长	工时	24	7.81	187.44	

续表

序号	名称及规格	单位	数量	单价/元	合价/元
	高级工	工时	48	7.28	349.44
	中级工	工时	167	6.22	1038.74
	初级工	工时	240	3.46	830.40
(2)	材料费				2262.81
	合金钻头	个	9.5	45	427.50
	合金片	kg	0.7	200	140.00
	岩芯管	m	3.8	80	304.00
	钻杆	m	3.5	45	157.50
	钻杆接头	个	3.7	16	59.20
	水	m^3	750	1.15	862.5
	其他材料费	%	16	1950.70	312.11
(3)	机械使用费				3812.03
	150型地质钻机	台时	137	26.5	3630.50
	其他机械费	%	5	3630.50	181.53
2	其他直接费	%	3.5	8480.86	296.83
3	现场经费	%	7	8480.86	593.66
二	间接费	%	7	9371.35	655.99
三	利润	%	7	10027.34	701.91
四	税金	%	3.22	10729.25	345.48
	合计				11074.73
	每米				110.75

(2) 根据题意选用定额七-4 坝基岩石帷幕灌浆——自上而下灌浆法，透水率10～20Lu，定额编号70042（附表17），分析帷幕灌浆工程单价见表5.20，计算结果帷幕灌浆工程单价为269.41元/m。

表5.20　　帷幕灌浆工程单价分析表

定额编号	70042	适用范围	露天作业一排帷幕、自上而下分段灌浆	定额单位	100m
定额依据	七-4 坝基岩石帷幕灌浆		土的级别	密度	
工作内容	钻孔、清孔、钻灌交替、扫孔、孔位转移、检查孔钻孔				
序号	名称及规格	单位	数量	单价/元	合价/元
一	直接工程费				22797.31
1	直接费				20631.05
(1)	人工费				8293.24
	工长	工时	78	7.81	609.18
	高级工	工时	154	7.28	1121.12

续表

序号	名称及规格	单位	数量	单价/元	合价/元
	中级工	工时	604	6.22	3756.88
	初级工	工时	811	3.46	2806.06
(2)	材料费				1554.15
	水泥	个	10.4	45	468.00
	水	m^3	789	1.15	907.35
	其他材料费	%	13	1375.35	178.80
(3)	机械使用费				10783.66
	灌浆泵 中压泥浆	台时	309.9	23.5	7282.65
	灰浆搅拌机	台时	285.8	7.8	2229.24
	150 型地质钻机	台时	26.8	26.5	710.20
	胶轮车	台时	53.4	0.9	48.06
	其他机械费	%	5	10270.15	513.51
2	其他直接费	%	3.5	20631.05	722.09
3	现场经费	%	7	20631.05	1444.17
二	间接费	%	7	22797.31	1595.81
三	利润	%	7	24393.12	1707.52
四	税金	%	3.22	26100.64	840.44
	合计				26941.08
	每米				269.41

5.1.7.4 编制单价时应注意的问题

(1) 注意工程项目、计量单位应与概算定额一致，便于计价。

(2) 钻孔灌浆属隐蔽工程，质量检查手段是打检查孔，取岩芯，做压力（浆）试验。注意《水利建筑工程概算定额》此项费用的已摊入。

(3) 正确确定岩土的平均级别和平均透水率，在计算这两个参数平均值时，要注意计算的范围和设计确定的钻孔灌浆范围完全一致。

(4) 本章各节灌浆定额中水泥强度等级的选择应符合设计要求，设计未明确的，可按以下标准选择：回填灌浆 32.5 级；帷幕与固结灌浆 32.5 级；接缝灌浆 42.5 级；劈裂灌浆 32.5 级；高喷灌浆 32.5 级。

(5) 本章灌浆压力划分标准：高压＞3MPa；中压为 1.5～3MPa；低压＜1.5MPa。

5.1.8 疏浚工程单价

5.1.8.1 疏浚工程的内容

疏浚工程主要包括治理江河、水库、港湾、湖泊、沟渠、基槽等用挖泥船施工等疏浚及吹填工程，以及使用索铲施工的小型河道、渠道、建筑物基槽的疏浚工程。

疏浚工程包括绞吸、链斗、抓斗及铲斗式挖泥船，吹泥船，水力冲挖机组以及排泥管的安装、拆除等工程内容。

5.1.8.2 定额的表现形式

(1) 绞吸、链斗、抓斗及铲斗式挖泥船，吹泥船开挖水下方的泥土及粉细砂分为Ⅰ～Ⅶ类，(2) 水力冲挖机组的土类划分为Ⅰ～Ⅳ类。

5.1.8.3 单价计算

疏浚工程单价的计算，应按施工组织设计确定的施工方法、施工条件、施工布置以及排泥管线的长度等，选用《水利建筑工程概算定额》的相关子目进行计算。单价计算方法与前述单价计算方法相同。

【例5.10】 某河道清淤工程位于县城镇以外，设计清除淤土Ⅲ类土，工况级别Ⅰ级，拟采用 $400m^3/h$ 绞吸式挖泥船挖泥，其排泥管长度1200m，排高8m，挖深8m。有关基础单价及费率见表5.21。

表5.21 基础单价及费率

序号	项目名称	单位	数量	序号	项目名称	单位	数量
1	中级工	工时	6.22	8	88kW 机艇	台时	80.00
2	初级工	工时	3.46	9	其他直接费	%	3.50
3	$400m^3/h$ 绞吸式挖泥船	台时	1051.33	10	现场经费	%	5.00
4	$\phi560mm$ 浮筒管	台时	1.54	11	间接费	%	5.00
5	$\phi560mm$ 岸管	台时	0.60	12	利润	%	7.00
6	294kW 拖轮	台时	165.00	13	税金	%	3.22
7	118kW 锚艇	台时	120.00				

试分析用绞吸式挖泥船挖泥的概算单价。

解： (1) 根据题意选用《水利建筑工程概算定额》八-1 绞吸式挖泥船 $400m^3/h$，定额编号80356、80357（附表18），排泥管长度1200m，定额数量取定额80356、80357数量的平均值。

(2) 调整系数。

1) 工况级别Ⅰ级，定额不需调整。

2) 排高调整：实际排高8m，定额基本排高6m，增加2m，定额需调整 $1.015^2=1.03$。

3) 挖深调整：实际挖深8m，定额基本挖深6m，增加2m，定额增加系数 $0.03\times2=0.06$。

定额需调整系数为 $1.03+0.06=1.09$，调整后的定额数量见表5.22。

绞吸式挖泥船挖泥概算单价分析过程见表5.22，计算结果为5.86元/m^3。

5.1.8.4 定额使用时应注意的问题

(1) 工况级别：挖泥船、吹泥船定额均按一级工况制定。若工况级别不符，按表5.23所列系数调整定额。

表5.22 绞吸式挖泥船挖泥工程单价分析表

定额编号	80356、80357	适用范围		定额单位	10000m³
定额依据	八-1 绞吸式挖泥船		土的级别		密度
工作内容	固定船位，挖、排泥（砂），移浮筒管，施工区内作业面移位，配套船舶定位、行驶等及其他辅助工作				
序号	名称及规格	单位	数量	单价/元	合价/元
一	直接工程费				50506.95
1	直接费				46550.18
(1)	人工费				209.88
	中级工	工时	32.48	6.22	202.03
	初级工	工时	2.27	3.46	7.85
(2)	材料费				
(3)	机械使用费				46340.30
	$400m^3/h$ 挖泥船	台时	32.68	1051.33	34357.46
	ϕ560mm×7500mm 浮筒管	台时	921.05	1.54	1418.42
	ϕ560mm×6000mm 岸管	台时	5804.25	0.60	3482.55
	294kW 拖轮	台时	8.63	312.41	2696.10
	118kW 锚艇	台时	10.37	131.68	1365.52
	88kW 机艇	台时	11.40	108.59	1237.93
	其他机械费	%	4	44557.98	1782.32
2	其他直接费	%	3.5	46550.18	1629.26
3	现场经费	%	5	46550.18	2327.51
二	间接费	%	5	50506.95	2525.35
三	利润	%	7	53032.31	3712.26
四	税金	%	3.22	56744.57	1827.18
	合计				58571.75
	每立方米				5.86

表5.23 调整系数表

工况级别	绞吸式挖泥船		链斗、抓斗、铲斗式挖泥船、吹泥船	
	平均每班客观影响时间/h	工况系数	平均每班客观影响时间/h	工况系数
一	≤1.0	1.00	≤1.3	1.00
二	≤1.5	1.10	≤1.8	1.12
三	≤2.1	1.21	≤2.4	1.27
四	≤2.6	1.34	≤2.9	1.44
五	≤3.0	1.50	≤3.4	1.64

(2) 各类型挖泥船(或吹泥船)定额使用中,如大于(或小于)基本排高和超过基本挖深时,人工及机械(含排泥管)定额调整按下式计算:

大于基本排高,调整后的定额值 A=基本定额×$(k_1)^n$

小于基本排高,调整后的定额值 B=基本定额÷$(k_1)^n$

超过基本挖深,调整后的定额增加值 C=基本定额×$(n\times k_2)$

调整后的定额综合值 $D=A+C$ 或 $D=B+C$

式中 k_1——各定额表注中,每增(减)1m的超排高系数;

k_2——各定额表注中,每超过基本挖深1m的定额增加系数;

n——大于(或小于)定额基本排高或超过定额基本挖深的数值,m。

在计算超排高和超挖深时,定额表中的"其他机械费"费率不变。

(3) 如所需排泥管长度介于两定额子目之间时,按"插入法"计算。

(4) 绞吸式挖泥船定额均按非潜管制定,如使用潜管时,按该定额子目的人工、挖泥船及配套船舶定额乘以1.04系数。所用潜管及其潜、浮所需动力装置和充水、充气、控制设备等,应根据管径、长度另行计列。

(5) 对链斗式挖泥船,若开挖泥(砂)层的厚度小于斗高而大于或等于1/2斗高时,按开挖定额中人工工时及船舶艘时定额乘以1.25系数计算;若开挖层厚度小于斗高的1/2时,不执行本定额。

(6) 水利冲挖机组定额适用于基本排高5m,每增(减)1m,排泥管长度相应增(减)25m。

(7) 链斗、抓斗、铲斗式挖泥船,运距超过10km时,超过部分按增运1km的拖轮、泥驳台时定额乘以0.90系数。

5.1.9 其他工程单价

5.1.9.1 其他工程

水利工程中的其他工程包括围堰、公路、铁道等临时工程,以及塑料薄膜、土工布、土工模、复合柔毡铺设、铺草皮等。

塑料薄膜、土工模、复合柔毡、土工布铺设,仅指防渗(反滤)材料本身的铺设,不包括上面的保护(覆盖)层和下面的垫层砌筑。其计量单位是指设计有效防渗面积。

5.1.9.2 工程单价

其他工程单价的计算,应按施工组织设计确定的施工方案、施工方法、施工条件等,选用《水利建筑工程概算定额》的相关子目进行计算。单价计算方法与前述单价计算方法相同。

【例5.11】 某河道治理工程,利用铅丝笼保护河岸,其基础价格及费率见表5.24。试分析铅丝笼的工程单价。

解: 根据题意查《水利建筑工程概算定额》九-3 石笼 定额编号90009(附表19),分析铅丝笼工程概算单价,过程见表5.25。计算结果为143.10元/m^3。

表 5.24 基础单价及费率

序号	项目名称	单位	数量	序号	项目名称	单位	数量
1	工长	工时	7.81	6	其他直接费	%	3.50
2	中级工	工时	6.22	7	现场经费	%	5.00
3	初级工	工时	3.46	8	间接费	%	5.00
4	8号铅丝	kg	1.20	9	利润	%	7.00
5	块石	m^3	72.00	10	税金	%	3.22

表 5.25 铅丝笼工程单价分析表

定额编号	90009	适用范围		定额单位	$100m^3$ 成品方
定额依据	九-3 石笼		土的级别		密度
工作内容	编笼（竹笼包括劈削竹篾）、安放、运石、装填、封口等				
序号	名称及规格	单位	数量	单价/元	合价/元
一	直接工程费				11693.05
1	直接费				10777.00
(1)	人工费				2306.74
	工长	工时	24	7.81	187.44
	中级工	工时	210	6.22	1306.20
	初级工	工时	235	3.46	813.10
(2)	材料费				8470.26
	8号铅丝	kg	397	1.20	476.40
	块石	m^3	113	70.00	7910.00
	其他材料费	%	1	8386.40	83.86
(3)	机械使用费				
2	其他直接费	%	3.5	10777.00	377.20
3	现场经费	%	5	10777.00	538.85
二	间接费	%	5	11693.05	584.65
三	利润	%	7	12277.70	859.44
四	税金	%	3.22	13637.14	439.12
五	材料调差价				233.28
	块石	m^3	113	2×(1+3.22%)	233.28
	合计				14309.54
	每立方米				143.10

任务5.2 安装工程单价

5.2.1 安装工程单价内容的组成

安装工程单价由直接工程费、间接费、企业利润和税金四部分组成。

5.2.2 安装工程概算单价计算方法

5.2.2.1 以实物量形式表现的定额

以实物量形式表现的定额，其安装工程单价的计算与前述建筑工程单价计算方法和步骤基本相同，其安装工程单价的计算方法及程序见表5.26。

表5.26 实物量形式安装工程单价计算程序表

序号	费用名称	计算方法
一	直接工程费	(一)+(二)+(三)
(一)	直接费	(1)+(2)+(3)
(1)	人工费	Σ定额劳动量(工时)×人工预算单价(元/工时)
(2)	材料费	Σ定额材料用量×材料预算价格
(3)	机械使用费	Σ定额机械使量(台时)×定额台时费(元/台时)
(二)	其他直接费	(一)×其他直接费费率(%)
(三)	现场经费	(1)×现场经费费率(%)
二	间接费	(1)×间接费费率(%)
三	企业利润	(一+二)×企业利润率(%)
四	未计价装置性材料费	Σ未计价装置性材料用量×材料预算单价
五	税金	(一+二+三+四)×税率(%)
	安装工程单价合计	一+二+三+四+五

【例5.12】 编制某水电站桥式起重机安装费概算单价。已知：桥式起重机自重200t，主钩起吊力270t，另有平衡梁自重30t；轨道长155m（15.5×双10m），型号QU120，滑触线长155m（15.5×三相10m），无辅助母线。其他直接费费率3.2%，现场经费为人工费的45%，间接费为人工费的50%，企业利润率为7%，税率为3.22%，基础单价见计算表。

解：(1) 定额子目的选择。查2002年部颁《水利水电设备安装工程概算定额》，桥式起重机、轨道和滑触线分列不同子目，在计算安装费单价时应分别计算。其中桥式起重机按主钩起重能力选用定额子目，但是按章节说明，设备起吊使用平衡梁时，按桥式起重机主钩起重能力加平衡梁质量之和（计300 t）选用定额子目，平衡梁不另计安装费。所以桥式起重机安装定额选用《水利水电设备安装工程概算定额》九-1 桥式起重机，定额编号09012子目（附表23）；轨道选用《水利水电设备安装工程概算定额》九-6 轨道，定额编号09095子目（附表24）；滑触线选用《水利水电设备安装工程概算定额》九-7 滑触线，定额编号09099子目（附表25）。

(2) 确定未计价装置性材料用量。根据定额说明及附录，QU120型轨道和滑触线属于装置性材料安装，其用量见计算表中所列。

(3) 安装工程单价计算过程见表5.27～表5.29。桥式起重机安装工程概算单价为185633.75/台；轨道安装工程概算单价为2160.08元/m；滑触线安装287.34元/m。所以该电站桥式起重机安装工程概算单价为：185633.75＋2160.08×155＋287.34×155＝564983.85（元/台）。

表 5.27　　　　**安 装 工 程 单 价 表**

定额编号：09012　　　　桥式起重机安装　　　　定额单位：台

型号规格：主钩起吊力 270t，平衡梁重 30t

编号	名称	单位	数量	单价/元	合价/元
一	直接工程费				138156.48
(一)	直接费				107466.35
1	人工费				59841.81
	工长	工时	511	7.81	3990.91
	高级工	工时	2612	7.28	19015.36
	中级工	工时	4537	6.22	28220.14
	初级工	工时	2490	3.46	8615.40
2	材料费				15863.54
	钢板	kg	547	4.36	2384.92
	型钢	kg	875	4.12	3605.00
	垫铁	kg	273	2.1	573.00
	电焊条	kg	72	7.5	540.00
	氧气	m^3	72	3	216.00
	乙炔气	m^3	31	15	465.00
	70 号汽油	kg	50	6.50	325.00
	柴油	kg	109	6.20	675.80
	油漆	kg	61	16	976
	棉纱头	kg	88	1.5	132
	木材	m^3	2.1	1100	2310
	其他材料费	%	30	12202.72	3660.82
3	机械费				31761.00
	20t 汽车起重机	台时	51	127.95	6525.00
	10t 门式起重机	台时	105	51.53	5411.00
	5t 卷扬机	台时	349	16.31	5692.00
	20～30kV·A 电焊机	台时	105	9.53	1001.00
	$9m^3$/min 空气压缩机	台时	105	44.16	4637.00
	5t 载重汽车	台时	70	52.14	3650.00
	其他机械费	%	18	26916.00	4845.00
(二)	其他直接费	%	3.5	107466.35	3761.32
(三)	现场经费	%	45	59841.81	26928.81
二	间接费	%	50	59841.81	29920.91
三	企业利润	%	7	168077.39	11765.42
四	税金	%	3.22	179842.81	5790.94
五	安装工程单价				185633.75

表 5.28 **安装工程单价表**

定额编号：09095 轨道安装 定额单位：双 10m

型号规格：QU120 型轨道安装

编号	名称	单位	数量	单价/元	合价/元
一	直接工程费				4870.62
(一)	直接费				3606.52
1	人工费				2528.60
	工长	工时	22	7.81	171.82
	高级工	工时	87	7.28	633.36
	中级工	工时	217	6.22	1349.74
	初级工	工时	108	3.46	373.68
2	材料费				673.92
	钢板	kg	56.4	4.36	245.90
	型钢	kg	48.3	4.12	199.00
	电焊条	kg	9.7	7.5	72.75
	乙炔气	m^3	6.3	15	95.00
	其他材料费	%	10	612.65	6.13
3	机械费				404.00
	8t 汽车起重机	台时	3.3	75.76	250
	20～30kV·A 电焊机	台时	14.2	9.53	135
	其他机械费	%	5	385	19
(二)	其他直接费	%	3.5	3606.52	126.23
(三)	现场经费	%	45	2528.60	1137.87
二	间接费	%	50	2528.60	1264.3
三	企业利润	%	7	6134.92	429.44
四	未计价装置性材料费				14362.56
	钢轨	kg	2433	4.5	10949.00
	垫板	kg	1358	1.8	2444.00
	型钢	kg	163	4.12	671.56
	螺栓	kg	142	2.1	298.00
五	税金	%	3.22	20926.92	673.85
六	安装工程单价				21600.77
	每米				2160.08

表 5.29 安装工程单价表

定额编号：09099 滑触线安装 定额单位：三相 10m

型号规格：起重机自重 200t

编号	名 称	单位	数量	单价/元	合价/元
一	直接工程费				1353.95
(一)	直接费				1042.27
1	人工费				611.55
	工长	工时	5	7.81	39.05
	高级工	工时	21	7.28	152.88
	中级工	工时	53	6.22	329.66
	初级工	工时	26	3.46	89.96
2	材料费				271.76
	型钢	kg	33.4	4.12	137.61
	电焊条	kg	5.6	7.5	42.00
	氧气	m^3	5.6	3	16.80
	乙炔气	m^3	2.5	15	37.50
	棉纱头	kg	1.6	1.5	2.4
	其他材料费	%	15	236.31	35.45
3	机械费				158.96
	20～30kV·A电焊机	台时	7.1	9.53	67.66
	ϕ50 摇臂钻床	台时	4.4	19.03	83.73
	其他机械费	%	5	151.39	7.57
(二)	其他直接费	%	3.5	1042.27	36.48
(三)	现场经费	%	45	611.55	275.20
二	间接费	%	50	611.55	305.78
三	企业利润	%	7	1659.73	116.18
四	未计价装置性材料费				1007.87
	型钢	kg	236	4.12	972.32
	螺栓	kg	3	2.1	6.30
	WX-01 绝缘子	个	13	2.25	29.25
五	税金	%	3.22	2783.78	89.64
六	安装工程单价				2873.42
	每米				287.34

5.2.2.2 以安装费费率（百分率）形成表现的定额

以安装费费率形成表现的定额，是以安装费占设备原价的百分率形式表示的。定额中给定了人工费、材料费（装置性材料）和机械使用费各占设备原价的百分比。在编制安装工程单价时，由于设备原价本身受市场价格的变化而浮动。因此，除人工费费率可根据工程所在地区类别按规定的调整系数进行调整外，材料费费率和机械使用费费率均不得调整。其安装工程单价计算方法及程序见表 5.30。

表 5.30 安装费费率表示的安装工程单价计算程序表

序号	费用名称	计算方法
一	直接工程费	(一)+(二)+(三)
(一)	直接费	(1)+(2)+(3)+(4)
(1)	人工费	定额人工费费率(%)×人工费调整系数×设备原价
(2)	材料费	定额材料费费率(%)×设备原价
(3)	机械使用费	定额机械使用费费率(%)×设备原价
(4)	装置性材料费	定额装置性材料费费率(%)×设备原价
(二)	其他直接费	(一)×其他直接费费率(%)
(三)	现场经费	(1)×现场经费费率(%)
二	间接费	(1)×间接费费率(%)
三	企业利润	(一+二)×企业利润率(%)
四	税金	(一+二+三)×税率(%)
	安装工程单价合计	一+二+三+四

【例 5.13】 某水电站直流系统(容量 1000A·h)原价 11.50 万元。若人工费调整系数为 1.15,费率标准:其他直接费 4.2%、现场经费 45%、间接费 50%、利润 7%、税金 3.22%,试分析其安装工程概算单价。

解:根据题意,选择《水利水电设备安装工程概算定额》六-4 直流系统,定额编号 06007(附表 22),分析直流系统设备安装工程单价见表 5.31,计算结果为 1.74 万元/项。

表 5.31 直流系统设备安装工程单价分析表

定额编号	06007	适用范围		定额单位	项
定额依据	六-4 直流系统		土的级别		密度
工作内容	基础埋设、设备本体安装、调整、试验、接地、蓄电池注酸、充电、放电、母线和绝缘子、支架安装等				
序号	名称及规格	单位	数量	单价	合价/万元
一	直接工程费				1.50
1	直接费				1.37
(1)	人工费	%	1.2×1.15	11.50	0.16
(2)	材料费	%	6.2	11.50	0.71
(3)	机械使用费	%	0.3	11.50	0.03
(4)	装置性材料费	%	4.1	11.50	0.47
2	其他直接费	%	4.2	1.37	0.06
3	现场经费	%	45	0.16	0.07
二	间接费	%	50	0.16	0.08
三	利润	%	7	1.58	0.11
四	税金	%	3.22	1.69	0.05
	合计				1.74

5.2.2.3 定额使用时应注意的问题

(1) 对应实物量形式定额，附录中列有部分定额子目的装置性材料数量，供参考采用。

(2) 使用电站主厂房桥式起重机进行安装工作时，桥式起重机台时费不计基本折旧费和安装拆卸费。

(3) 按设备重量划分子目的定额，当所求设备的重量介于同型设备的子目之间时，用“插入法”计算。

(4) 本定额适用于海拔 2000m 以下地区的建设项目，海拔 2000m 以上地区，其人工和机械定额乘以表 4.1 所列的调整系数。

复习思考题

1. 某引水工程采用 $1m^3$ 液压反铲挖掘机挖一般土方，10t 自卸汽车运输 3.2km 弃料，土质为Ⅱ类土。人工、材料、机械预算单价为：初级工的人工预算单价为 3.46 元/工时，$1m^3$ 挖掘机的台时费为 153.36 元/台时，59kW 推土机的台时费为 78.91 元/台时，10t 自卸汽车的台时费为 111.24 元/台时，胶轮车的台时费为 0.9 元/台时，费率标准按规定。试计算土方开挖工程单价。

2. 某工程基础石方开挖，岩石级别为Ⅶ级，基础开挖深度 2m，采用手持式风钻钻孔爆破，$1m^3$ 液压挖掘机 8t 自卸汽车运 8km 弃料，人工、材料及机械单价见表 5.32，费率标准按规定，试计算石方开挖工程单价。

表 5.32　　人工、材料、机械台时单价汇总表

序号	名称	单位	单价/元	序号	名 称	单位	单价/元
1	初级工	工时	3.46	7	导火线	m	0.5
2	中级工	工时	6.22	8	$1m^3$ 液压挖掘机	台时	153.36
3	工长	工时	7.81	9	88kW 推土机	台时	133.54
4	合金钻头	个	120.0	10	8t 自卸汽车	台时	95.43
5	炸药	kg	6.0	11	风钻手持式	台时	26.21
6	火雷管	个	0.8				

3. 某土坝工程，土方自料场直接运输上坝，羊脚碾压实，土质级别为Ⅱ类土，设计干密度 $16.0kN/m^3$。人工、材料、机械预算单价为：初级工 3.46 元/工时，74kW 拖拉机的台时费为 84.06 元/台时，8～12t 羊脚碾台时费为 3.47 元/台时，74kW 推土机的台时费为 108.84 元/台时，2.8kW 蛙式打夯机的台时费为 11.56 元/台时，刨毛机的台时费为 64.22 元/台时，费率标准按规定，土方挖运单价 9.86 元/m^3，试计算土方填筑工程单价。

4. 某扬水泵站上部采用现浇混凝土 C20 级，使用 $0.8m^3$ 搅拌机拌制混凝土，胶轮车运距 120m，塔式起重机吊运 $3m^3$ 混凝土吊罐高 12.0 m，人工、材料及机械单价见表 5.33，费率标准按规定，试计算现浇混凝土工程单价。

表 5.33　　人工、材料、机械台时单价汇总表

序号	名称	单位	单价/元	序号	名称	单位	单价/元
1	初级工	工时	3.46	7	0.8m³ 搅拌机	台时	29.92
2	中级工	工时	6.22	8	胶轮车	台时	133.54
3	高级工	工时	7.28	9	25t 塔式起重机	台时	95.43
4	工长	工时	7.81	10	混凝土吊罐	台时	26.21
5	混凝土	m³	177.37	11	1.1kW 振动器	台时	2.08
6	水	m³	1.15	12	风水枪	台时	54.58

5. 某箱形渡槽槽身，采用木模与组合钢模板预制混凝土。人工、材料、机械预算单价为：工长 7.81 元/工时，高级工 7.28 元/工时，中级工 6.22 元/工时，初级工 3.46 元/工时，板枋材 1363.73 元/m³，组合钢模板 6 元/kg，型钢 5.5 元/kg，卡扣件 6.5 元/kg，铁件 8.0 元/kg，电焊条 7.5 元/kg，圆盘锯的台时费为 16.86 元/台时，双面刨床的台时费为 14.02 元/台时，13kW 型钢剪断机的台时费为 27.38 元/台时，20kW 钢筋剪断机的台时费为 20.51 元/台时，$\phi6\sim\phi40$ 钢筋弯曲机的台时费为 11.94 元/台时，5t 载重汽车的台时费为 64.09 元/台时，25kV·A 电焊机的台时费为 10.58 元/台时，费率标准按规定，试计算模板制安工程单价。

6. 试分析表 5.34 中设备的安装工程单价。

表 5.34　　设备安装单价分析资料表

设备名称	原价/万元	人工费调整系数	其他直接费费率/%	现场经费费率/%	间接费费率/%	利润率/%	税率/%
水轮机			4.7	45	50	7	3.22
发电机			4.7	45	50	7	3.22
水系统	12.00	1.50	4.7	45	50	7	3.22
发电电压设备	32.00	1.50	4.7	45	50	7	3.22

项目6　设　备　费

任务6.1　设 备 预 算 价 格

6.1.1　概述

设备预算价格是指从设备供应地到设备在安装现场的价格。

设备费按设计选型设备的数量和设备预算价格进行编制。设备预算价格包括设备原价、运杂费、运输保险费和采购及保管费。

6.1.2　设备预算价格

6.1.2.1　设备预算价格计算

（1）设备原价。

1）国产设备，以出厂价为原价，非定型和非标准产品（如闸门、拦污栅、压力钢管等）采用与厂家签订的合同价或询价。

2）进口设备，以到岸价和进口征收的税金、手续费、商检费及港口费等各项费用之和为原价。到岸价采用与厂家签订的合同价或询价计算，税金和手续费等按规定计算。

3）大型机组拆卸分装运至工地后的拼装费用，应包括在设备原价内。

4）可行性研究和初步设计阶段，非定型和非标准产品，一般不可能与厂家签订价格合同，设计单位可按向厂家索取的报价资料和当年的价格水平，经认真分析论证后，确定设备价格。

（2）运杂费。运杂费是指设备由厂家运至工地安装现场所发生的一切运杂费用，主要包括运输费、调车费、装卸费、包装绑扎费、大型变压器充氮费以及其他可能发生的杂费。设备运杂费分主要设备运杂费和其他设备运杂费，均按占设备原价的百分率计算，即

$$运杂费=设备原价\times运杂费费率 \tag{6.1}$$

1）主要设备运杂费率。设备由铁路直达或铁路、公路联运时，分别按里程求得费率后叠加计算；如果设备由公路直达，应按公路里程计算费率后，再加公路直达基本费率。

主要设备运杂费费率标准见表6.1。

2）其他设备运杂费费率，其他设备运杂费费率见表6.2。

工程地点距铁路线近者费率取小值，远者取大者，新疆、西藏地区的费率在表6.2中未包括，可视具体情况另行确定。

表6.1和表6.2所列运杂费费率适用于国产设备运杂费，在编制预算时，可根据设备来源地、运输方式、运输距离等逐项进行分析计算。几项主要大件设备，如水轮发电机组、变压器等，在运输过程中应考虑超重、超高、超宽所增加的费用，如铁路运输的特殊车辆费，公路运输的桥涵加宽、路面拓宽所需费用。

表 6.1 主要设备运杂费费率表 %

设备分类		铁路		公路		公路直达基本费率
		基本运距 1000km	每增运 500km	基本运距 50km	每增运 10km	
水轮发电机组		2.21	0.4	1.06	0.1	1.01
主阀、桥机		2.99	0.7	0.85	0.18	1.33
主变压器容量	≥120000kV·A	3.5	0.56	2.8	0.25	1.2
	<20000kV·A	2.97	0.56	0.92	0.1	1.2

表 6.2 其他设备运杂费费率表

类别	适用地区	费率/%
Ⅰ	北京、天津、上海、江苏、浙江、江西、安徽、湖北、湖南、河南、广东、山西、山东、河北、陕西、辽宁、吉林、黑龙江等	4～6
Ⅱ	甘肃、云南、贵州、广西、四川、重庆、福建、海南、宁夏、内蒙古、青海等	6～8

3）进口设备的国内段运杂费费率，进口设备的国内段运杂费费率按上述国产设备运杂费费率，乘以相应国产设备原价占进口设备原价的比例系数，调整为进口设备国内段运杂费费率。

（3）运输保险费。运输保险费是指设备在运输过程中的保险费用。国产设备的运输保险费费率可按工程所在省、自治区、直辖市的规定计算。进口设备的运输保险费费率按有关规定计算，一般可取0.1%～0.4%。

$$运输保险费=设备原价\times运输保险费费率 \tag{6.2}$$

（4）采购及保管费。采购及保管费是指建设单位和施工企业在负责设备的采购、保管过程中发生的各项费用。主要包括：

1）采购保管部门工作人员的基本工资、辅助工资、工资附加费、劳动保护费、教育经费、办公费、差旅交通费、工具用具使用费等。

2）仓库、转运站等设施的运行费、维修费，固定资产折旧费，技术安全措施费和设备的检验、试验费等。

$$采购及保管费=(设备原价+运杂费)\times采购及保管费费率 \tag{6.3}$$

按现行规定，设备采购及保管费费率取0.7%。

所以，设备费计算公式为

$$设备预算价格=设备原价+运杂费+运输保险费+采购及保管费 \tag{6.4}$$

（5）运杂综合费费率。在编制设备安装工程概预算时，一般将设备运杂费、运输保险费和采购及保管费合并，统称为设备运杂综合费，按设备原价乘以运杂综合费费率计算。其中

$$\begin{aligned}运杂综合费费率 K=&运杂费费率+(1+运杂费费率)\times采购及保管费费率\\&+运输保险费费率\end{aligned} \tag{6.5}$$

$$设备预算价格=设备原价\times(1+K) \tag{6.6}$$

（6）交通工具购置费。工程竣工后，为保证建设项目初期生产管理单位正常运行必须

配备生产、生活、消防车辆和船只。交通工具购置费按设备数量和国产设备出厂价格加车船附加费、运杂费计算（设备数量可参考表6.3）。

注意：交通工具原本不属于机电设备，更不属于金属结构设备，但由于费用数额较大，不能列入独立费用中的生产准备费和建设管理费内，故在设备费中列入。

表6.3　　交通工具购置指标表

<table>
<tr><th colspan="3" rowspan="2">工程类别</th><th colspan="10">设备名称及数量/辆、艘</th></tr>
<tr><th>轿车</th><th>载重汽车</th><th>工具车</th><th>面包车</th><th>消防车</th><th>越野车</th><th>大客车</th><th>汽船</th><th>机动船</th><th>驳船</th></tr>
<tr><td rowspan="2">枢纽工程</td><td colspan="2">大（1）型</td><td>2</td><td>3</td><td>1</td><td>2</td><td>1</td><td>2</td><td>1</td><td>2</td><td>2</td><td></td></tr>
<tr><td colspan="2">大（2）型</td><td>2</td><td>2</td><td>1</td><td>1</td><td>1</td><td>1</td><td>1</td><td>1</td><td>2</td><td></td></tr>
<tr><td rowspan="3">大型引水工程</td><td rowspan="3">线路长度</td><td>>300km</td><td>2</td><td>8</td><td>6</td><td>6</td><td></td><td>3</td><td>3</td><td></td><td></td><td></td></tr>
<tr><td>100～300km</td><td>1</td><td>6</td><td>4</td><td>3</td><td></td><td>2</td><td>2</td><td></td><td></td><td></td></tr>
<tr><td>≤100km</td><td></td><td>3</td><td>2</td><td>2</td><td></td><td>1</td><td>1</td><td></td><td></td><td></td></tr>
<tr><td rowspan="2">大型灌区排灌工程</td><td rowspan="2">灌排面积</td><td>>150万亩</td><td>1</td><td>6</td><td>5</td><td>5</td><td></td><td>2</td><td>2</td><td></td><td></td><td></td></tr>
<tr><td>50万～150万亩</td><td>1</td><td>2</td><td>2</td><td>2</td><td></td><td>1</td><td>1</td><td></td><td></td><td></td></tr>
<tr><td rowspan="3">堤防工程</td><td rowspan="3">管进单位级别</td><td>1</td><td></td><td>6</td><td></td><td>2</td><td></td><td>2</td><td>1</td><td>1</td><td>2</td><td>2</td></tr>
<tr><td>2</td><td></td><td>2</td><td></td><td>1</td><td></td><td>1</td><td>1</td><td></td><td>1</td><td>1</td></tr>
<tr><td>3</td><td></td><td>1</td><td></td><td>1</td><td></td><td>1</td><td></td><td></td><td></td><td></td></tr>
</table>

6.1.2.2　设备预算价格计算示例

【例6.1】 某水力发电工程中采用的国产水轮机原价为310000元/台，经火车运输2000km、公路运输70km到达安装现场，运输保险费费率为0.5%，求每台水轮机的预算价格。

解：

$$设备原价=310000(元)$$

$$运杂费=310000\times(2.21+0.40\times2+1.06+0.10\times2)\%$$

$$=310000\times4.27\%=13237(元)$$

$$运输保险费=310000\times0.5\%=1550(元)$$

$$采购及保管费=(310000+13237)\times0.7\%=2263(元)$$

$$设备预算价格=310000+13237+1550+2263=327050(元)$$

【例6.2】 某工程从国外进口主机设备一套，经过海运抵达上海以后再转运到工地，已知：

（1）汇率	1美元=7.0元（当时汇率）
（2）设备到岸价	900万美元/套
（3）设备重量	净重1245t/套，毛重系数1.05
（4）银行手续费	0.5%
（5）外贸手续费	1.5%
（6）进口关税	10%
（7）增值税	17%

(8) 商检费　　　　　　　0.24%

(9) 港口费　　　　　　　150元/t

(10) 运杂费　　　　　　同类型国产设备由上海港运到工地的运杂费率为6%

(11) 同类型国产设备运价 3.0万元/t

(12) 运输保险费费率　　 0.4%

(13) 采购及保管费费率　 0.7%

根据以上条件计算该进口设备预算价格。

解：(1) 设备原价。

设备到岸价＝900×7.0＝6300.00(万元)

银行手续费＝6300.00×0.5%＝31.50(万元)

外贸手续费＝6300.00×1.5%＝94.50(万元)

进口关税＝6300.00×10%＝630.00(万元)

增值税＝(6300.00＋630.00)×17%＝1178.1(万元)

商检费＝6300.00×0.24%＝15.12(万元)

港口费＝1245×1.05×150/10000＝19.61(万元)

设备原价＝6300.00＋31.50＋94.50＋630.00＋1178.10＋15.12＋19.61
＝8268.83(万元)

(2) 国内段运杂综合费。

国产设备运杂综合费费率＝6%＋(1＋6%)×0.7%＋0.4%＝7.14%

进口设备国内段运杂综合费费率＝7.14%×(3×1245)/8268.83＝3.23%

则该套进口主机设备预算价格＝8268.83×(1＋3.23%)＝8535.91(万元)

任务6.2 设 备 费

6.2.1 概述

设备及安装工程的投资，在水利水电工程的总投资中占有相当大的比重，一般占总投资的18%～24%。例如，葛洲坝工程的设备及安装工程投资占总投资的20%，刘家峡工程为24%。认真编制好设备及安装工程概算是一项十分重要的工作。

设备及安装工程包括机电设备及安装工程和金属结构设备及安装工程，分别构成工程总概算的第二和第三部分。

6.2.1.1 机电设备及安装工程的项目划分和内容组成

机电设备及安装工程指构成枢纽工程和引水工程及河道工程的全部机电设备及安装工程。对于枢纽工程，本部分由发电设备及安装工程、升压变电设备及安装工程和公用设备及安装工程三个一级项目组成；对于引水工程及河道工程，本部分由泵站设备及安装工程、小水电设备及安装工程、供变电工程和公用设备及安装工程四个一级项目组成。

(1) 发电设备及安装工程。包括水轮机、发电机、主阀、起重设备、水轮机辅助设备、电气设备、通信设备、通风采暖设备、机修设备及其安装工程。

(2) 升压变电设备及安装工程。主要由主变压器、高压电气设备、一次拉线项目组成。

(3) 公用设备及安装工程。包括电梯，坝区馈电设备，厂坝区及生活区供水、排水、供热设备，水文、泥沙检测设备，水情自动测报系统设备，外部观测设备，消防设备，交通设备，全厂接地及保护网等项目。

(4) 泵站设备及安装工程。包括水泵设备及安装工程、电动机设备及安装工程、主阀设备及安装工程、起重设备及安装工程、水力机械辅助设备及安装工程和电气设备及安装工程等。

(5) 供变电工程。包括变电站设备及安装工程。

6.2.1.2 金属结构设备及安装工程的项目划分和内容组成

金属结构设备及安装工程指构成枢纽工程和引水工程及河道工程的全部金属结构设备及安装工程。一级项目按照第一部分建筑工程相应的一级项目分项；二级项目一般包括闸门设备及安装、启闭设备及安装、拦污设备及安装，以及引水工程的钢管制作及安装和航运工程的升船设备及安装。

(1) 闸门设备及安装工程。包括平板闸门、弧形闸门和埋件及其安装。平板闸门又分为定轮门、滑动门、叠梁门、人字门等。

(2) 启闭设备及安装工程。指门式启闭机、油压启闭机、固定卷扬式启闭机、台车卷扬式启闭机、螺杆式启闭机、电动葫芦等设备及其安装。

(3) 拦污设备及安装工程。指在有拦（清）污要求的进水口设置拦污栅，用以拦住杂草、树根和流冰等物，其设备有拦污栅、清污机和拦河埂等。

(4) 钢管制作及安装工程。包括一般压力钢管和叉管的制作及安装。

6.2.2 设备费计算

设备费计算与设备数量和设备预算价格有关，具体计算按下式：

$$设备费=\sum设备数量\times设备预算价格 \tag{6.7}$$

复习思考题

1. 何谓设备预算价格？它由哪几部分组成？分别如何确定？

2. 某电站位于青海省，其发电电压设备原价 32.0 万元，公路运输运距 630km。若运输保险费费率为 0.3%，采购及保管费费率按规定，试计算其预算价格。

3. 某水力发电工程中采用的国产水轮机原价为 400000 元/台，经火车运输 1200km、公路运输 80km 到达安装现场。运输保险费费率为 0.5%，采购及保管费费率按规定，求水轮机的设备预算价格。

项目7 工程量计算

工程量是把设计图样的内容转化为按定额的分项工程或按结构构件项目划分的以物理计量单位或自然计量单位表示的实物数量。物理计量单位是以体的某种物理属性为计量单位的，如长度（m）、面积（m^2）、体积（m^3）、质量（kg）等。如 $20m^3$ 混凝土就是以物理单位表示的混凝土工程量。自然计量单位是以物体本身的自然属性为计量单位，如个、台、块、套、组、座等。当分部分项工程或结构构件没有一定规格，而构件较复杂时，可按自然计量单位作为计量单位。如一台套油压装置就是以自然计量单位表示的油压装置工程量。

水利水电工程中，无论是编制项目建议书还是初步设计报告，无论是编制施工组织设计还是概算表，工程量都是一个重要的依据。水利水电工程各设计阶段的工程量，不仅是设计工作的重要成果，也是编制工程概（估）算的主要依据。

任务7.1 水利水电工程量分类

水利水电工程量分类主要有永久工程建筑工程量、施工临时工程工程量、金属结构及安装工程工程量和机电设备及安装工程工程量。

按照不同设计阶段设计报告编制规程的要求，永久工程和主要施工临时工程的工程量，均应符合《水利工程设计概（估）算编制规定》中工程项目划分的要求。根据水利水电工程性质，工程各部分下设一、二、三级项目，编制概（估）算二、三级项目可在《水利工程设计概（估）算编制规定》所列项目的基础上根据水利水电工程各设计阶段编制规程的工作深度要求和工程实际情况增减或再划分，如三级项目中，土方开挖工程应将土方开挖与砂砾石开挖分列。

7.1.1 永久工程建筑工程量

永久工程建筑工程量是指使用年限在50年以上并且能够保持其原基本性能的建筑或设施的工程量。水利水电工程中永久工程建筑工程量主要包括挡水工程工程量、泄洪工程工程量、引水工程工程量、发电厂工程工程量、升压变电站工程工程量、航运工程工程量、鱼道工程工程量、交通工程工程量、房屋建筑工程工程量和其他建筑工程工程量等。

7.1.1.1 挡水工程工程量

挡水工程工程量是指用以截断水流、集中落差形成水库的拦河坝、闸或河床式水电站的长房等水工建筑物的工程量，主要包括混凝土坝（闸）工程工程量和土（石）坝工程工程量。混凝土坝（闸）主要包括土方开挖工程量、石方开挖工程量、土石方回填工程量、模板工程量、混凝土工程量、防渗墙工程量、灌浆孔工程量、灌浆工程量、排水孔工程量、砌石工程量、钢筋工程量、锚杆工程量、锚索工程量、启闭机室工程量、温控措施工程量和细部结构工程工程量等。土（石）坝工程工程量主要包括土方开挖工程量、石方开挖工程量、土料填筑工程量、砂砾料填筑工程量、斜（心）墙土料填筑工程量、反滤料工程量、过渡料填筑工程量、坝体（坝趾）堆石工程量、土工膜工程量、沥青混凝土工程量、模板工程量、混凝土工程量、铺盖填筑工程量、防渗墙工程量、灌浆孔工程量、灌浆工程量、排水孔工程量、钢筋工程量、面板止水工程量和细部结构工程工程量等。结合图 7.1 和图 7.2 分析图示结构中可能含有的工程量。

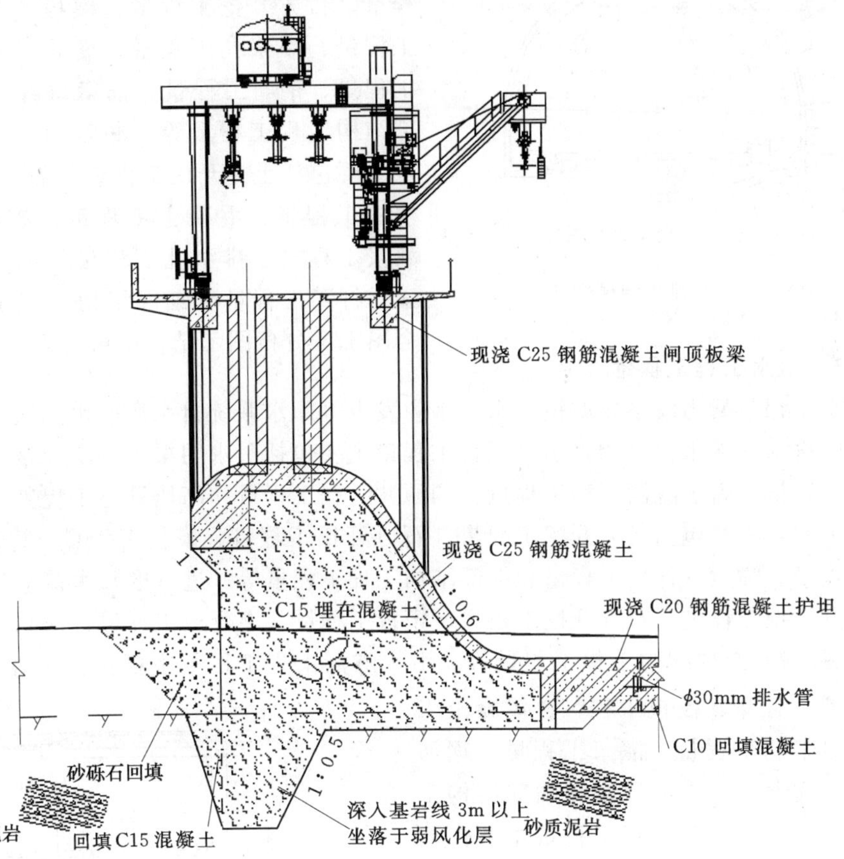

图 7.1 某混凝土闸设计图

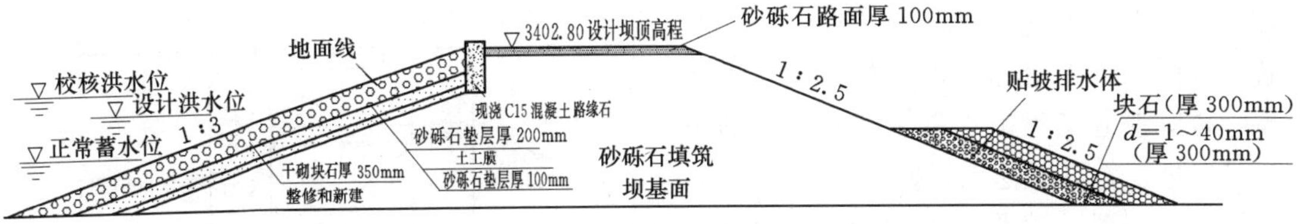

图 7.2 某土石坝坝断面设计图

7.1.1.2 泄洪工程工程量

泄洪工程工程量是指用以排放多余水量、泥沙、漂浮物、悬浮物和冰凌等的水工建筑物的工程量，主要包括溢洪道工程工程量、泄洪洞工程工程量、冲砂洞（孔）工程工程量和放空洞工程工程量。溢洪道工程工程量主要包括土方开挖工程量、石方开挖工程量、土石方回填工程量、模板工程量、混凝土工程量、灌浆孔工程量、灌浆工程量、排水孔工程量、砌石工程量、钢筋工程量、锚杆工程量、锚索工程量、温控措施工程量和细部结构工程工程量等。泄洪洞工程工程量主要包括土方开挖工程量、石方开挖工程量、模板工程量、混凝土工程量、灌浆孔工程量、灌浆工程量、排水孔工程量、钢筋工程量、锚索（杆）工程量和细部结构工程工程量等。冲砂洞（孔）工程工程量主要包括土方开挖工程量、石方开挖工程量、模板工程量、混凝土工程量、灌浆孔工程量、灌浆工程量、排水孔工程量、钢筋工程量、锚索（杆）工程量和细部结构工程工程量等。结合图7.3分析图示结构中可能含有的工程量。

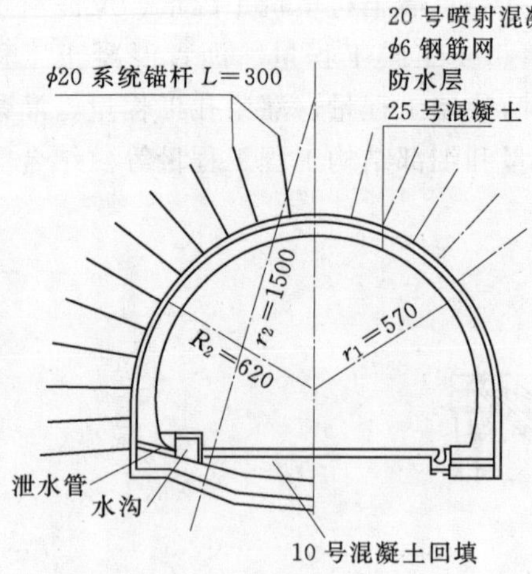

图7.3 某泄洪洞横剖图

7.1.1.3 引水工程工程量

引水工程包括为灌溉、城镇供水、水力发电等用水系统自水源取水的取水建筑物和向用水部门送水的输水建筑物，引水工程工程量主要包括引水明渠工程工程量、进（取）水口工程工程量、引水隧洞工程工程量、调压井工程工程量和高压管道工程工程量。引水明渠工程工程量主要包括土方开挖工程量、石方开挖工程量、模板工程量、混凝土工程量、钢筋工程量、锚索（杆）工程量和细部结构工程工程量等。进（取）水口工程工程量主要包括土方开挖工程量、石方开挖工程量、模板工程量、混凝土工程量、钢筋工程量、锚索（杆）工程量和细部结构工程工程量等。引水隧洞工程工程量主要包括土方开挖工程量、石方开挖工程量、模板工程量、混凝土工程量、灌浆孔工程量、灌浆工程量、钢筋工程量、锚索（杆）工程量和细部结构工程工程量等。调压井工程工程量主要包括土方开挖工程量、石方开挖工程量、模板工程量、混凝土工程量、喷浆工程量、灌浆孔工程量、灌浆工程量、钢筋工程量、锚索（杆）工程量和细部结构工程工程量等。高压管道工程工程量主要包括土方开挖工程量、石方开挖工程量、模板工程量、混凝土工程量、灌浆孔工程量、灌浆工程量、钢筋工程量、锚索（杆）工程量和细部结构工程工程量等。结合图7.4分析该结构中可能含有的工程量。

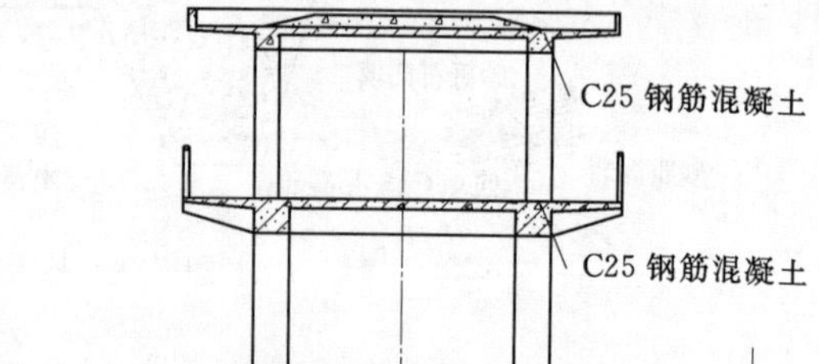

图7.4 某进水口设计图

7.1.1.4　发电厂工程工程量

发电厂工程工程量是指水电站中安装水轮机、水轮发电机和各种辅助设备建筑物的工程量，主要包括地面厂房工程工程量、地下厂房工程工程量、交通洞工程工程量、出线洞（井）工程工程量、通风洞（井）工程工程量、尾水洞工程工程量、尾水调压井工程工程量和尾水渠工程工程量。地面厂房工程工程量主要包括土方开挖、石方开挖、模板、混凝土、砖墙、砌石、灌浆孔、灌浆、钢筋、锚索（杆）、温控措施、厂房装修和细部结构工程等工程量。地下厂房工程工程量主要包括石方开挖、模板、混凝土、喷浆、灌浆孔、灌浆、排水孔、钢筋、锚索（杆）、温控措施、厂房装修和细部结构工程等工程量。交通洞工程工程量主要包括土方开挖、石方开挖、模板、混凝土、灌浆孔、灌浆、钢筋、锚索（杆）和细部结构工程等工程量。尾水洞工程工程量主要包括土方开挖、石方开挖、模板、混凝土、砌石、钢筋和细部结构工程等工程量。结合图 7.5 分析该结构中可能含有的工程量。

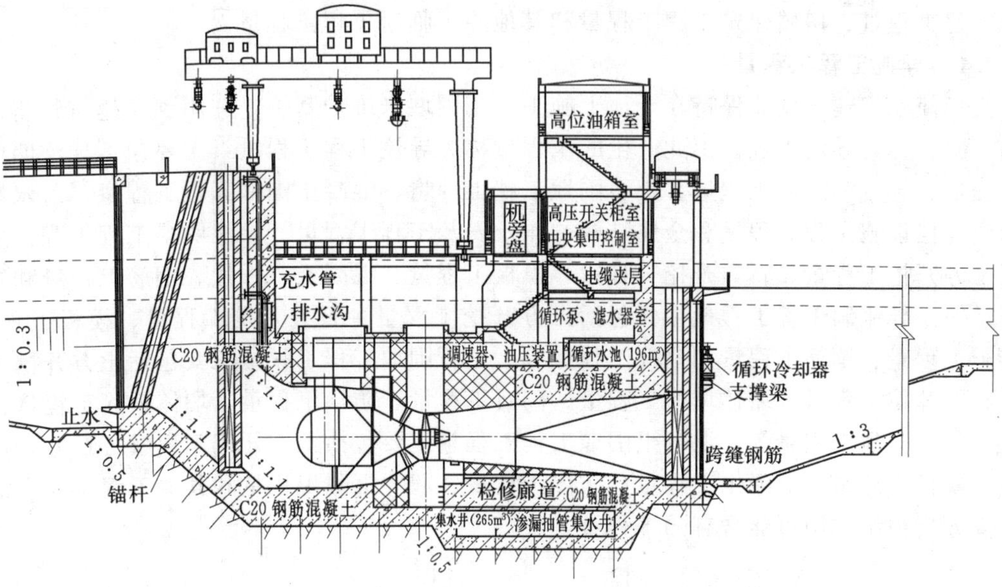

图 7.5　某发电厂房设计图

7.1.1.5　升压变电站工程工程量

升压变电站工程工程量是指变压器输出电压高于输入电压的变电站的工程量，主要包括变电站工程工程量和开关站工程工程量。变电站工程工程量主要包括土方开挖工程量、石方开挖工程量、模板工程量、混凝土工程量、砌石工程量、构架工程量、钢筋工程量和细部结构工程工程量等。开关站工程工程量主要包括土方开挖工程量、石方开挖工程量、模板工程量、混凝土工程量、砌石工程量、构架工程量、钢筋工程量和细部结构工程工程量等。

7.1.1.6　其他工程量

永久工程建筑工程量除上述五部分外，还包括航运工程工程量、鱼道工程工程量、交通工程工程量、房屋建筑工程工程量和其他建筑工程工程量。航运工程工程量主要包括上游引航道工程工程量、船闸（升船机）工程工程量和下游引航道工程工程量。交通工程工程量主要包括公路工程工程量、铁路工程工程量、桥梁工程工程量和码头工程工程量等。房屋建筑工程工程量主要包括辅助生产厂房工程量、仓库工程量、办公室工程量、生活及文化福利建筑工程量和室外工程工程量等。其他建筑工程工程量主要包括内部观测工程工程量、动力线路（厂坝区）工程工程量、照明线路工程工程量、通信线路工程工程量、厂坝区及生活区供水工程量、厂坝区环境建设工程工程量和外部检测工程工程量等。

7.1.2 施工临时工程工程量

施工临时工程是指在工程的建设和准备阶段，指为辅助主体工程施工所必须修建的生产和生活用临时性工程，当永久工程完工后，将拆除临时建筑与设施，并将对临时建筑所占用的区域进行清理以恢复原貌。由此产生的工程量称为施工临时工程工程量。临时工程造价在工程总价中所占的比例较大，有些枢纽工程中临时工程造价占工程静态总投资的10%～20%。施工临时工程工程量主要包括导流工程工程量、施工交通工程工程量、施工供电工程工程量、房屋建筑工程工程量和其他施工临时工程工程量。

7.1.2.1 导流工程工程量

为了使水工建筑物能保持在干地上施工，用围堰来维护基坑，并用预先建筑物将水流引向下游，称为导流工程。由此产生的工程量称为导流工程工程量，主要包括导流明渠工程工程量、导流洞工程工程量、土石围堰工程工程量、混凝土围堰工程工程量、蓄水期下游断流补偿设施工程工程量和金属结构制作及安装工程工程量。导流明渠工程工程量主要包括土方开挖工程量、石方开挖工程量、模板工程量、混凝土工程量、钢筋工程量和锚杆工程量等。导流洞工程工程量主要包括土方开挖工程量、石方开挖工程量、模板工程量、混凝土工程量、钢筋工程量和锚杆工程量等。土石围堰工程工程量主要包括土方开挖工程量、石方开挖工程量、堰体填筑工程量、砌石工程量、防渗工程量、堰体拆除工程量、截流工程量和其他工程量等。混凝土围堰工程工程量主要包括土方开挖工程量、石方开挖工程量、模板工程量、混凝土工程量、防渗工程量、堰体拆除工程量和其他工程量等。结合图7.6分析该结构中可能含有的工程量。

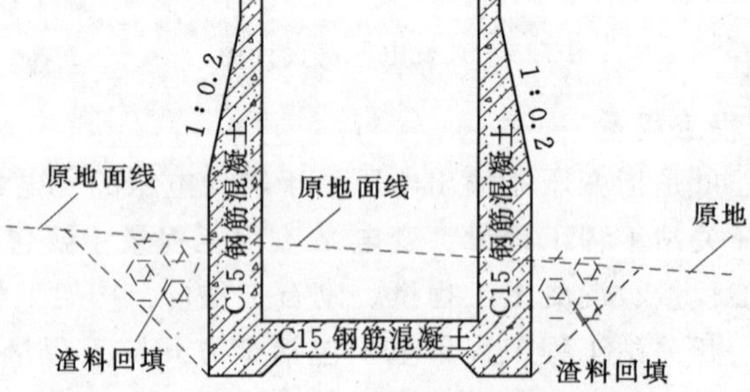

图7.6 某导流明渠结构图

7.1.2.2 施工交通工程工程量

在水利水电工程中，为运输施工材料、机械设备和人员的工程设施称为施工交通工程。由此产生的工程量称为施工交通工程工程量，主要包括公路工程工程量、铁路工程工程量、桥梁工程工程量、施工支洞工程工程量、码头工程工程量和转运站工程工程量等。结合图 7.7 分析该结构中可能含有的工程量。

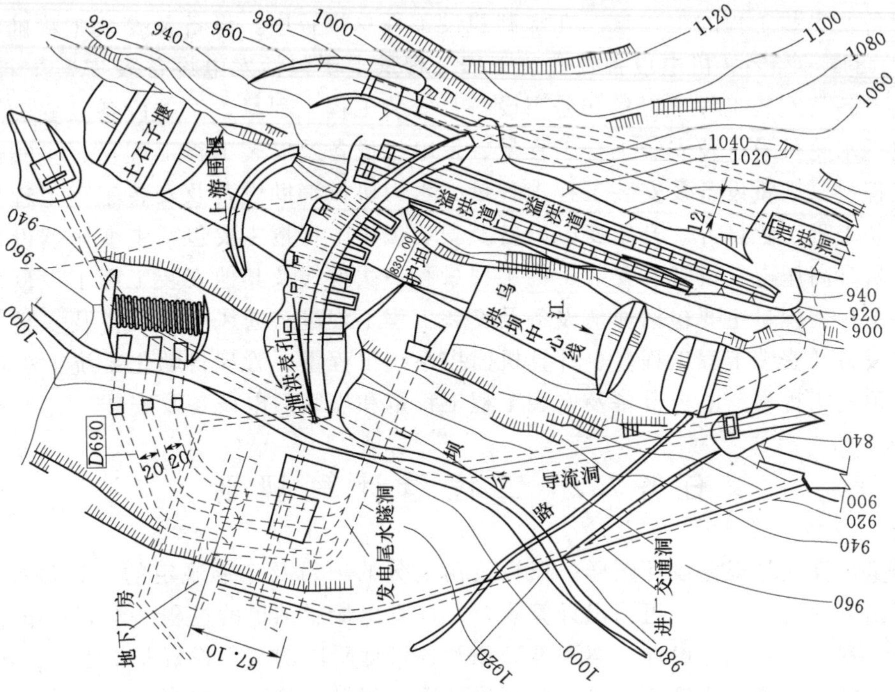

图 7.7　某枢纽工程施工交通布置图

7.1.2.3　其他临时工程工程量

施工临时工程量除前面两部分外，还包括施工供电工程工程量、房屋建筑工程工程量和其他施工临时工程工程量。施工供电工程工程量包括 220kV 供电线路工程量、110kV 供电线路工程量、35kV 供电线路工程量、10kV 供电线路（引水及河道）工程量和变配电设施（场内除外）等。

7.1.3　金属结构及安装工程工程量

金属结构及安装工程工程量是指构成枢纽工程和其他水利工程固定资产的全部金属结构设备及安装工程的工程量。它主要包括挡水工程工程量、泄洪工程工程量、引水工程工程量、发电厂工程工程量、航运过坝工程工程量和鱼道工程工程量。挡水工程工程量主要包括闸门设备及安装工程工程量、启闭设备及安装工程工程量和拦污设备及安装工程工程量。泄洪工程工程量主要包括闸门设备及安装工程工程量、启闭设备及安装工程工程量和拦污设备及安装工程工程量。引水工程工程量主要包括闸门设备及安装工程工程量、启闭设备及安装工程工程量、拦污设备及安装工程工程量和钢管制作及安装工程工程量。发电厂工程工程量主要包括闸门设备及安装工程工程量和启闭设备及安装工程工程量。航运过坝工程工程量主要包括闸门设备及安装工程工程量、启闭设备及安装工程工程量和升船机设备及安装工程工程量。

7.1.4 机电设备及安装工程工程量

机电设备及安装工程工程量是指构成枢纽工程或引水工程及河道工程的固定资产的全部机电设备及安装工程的工程量。在水利建设工程总投资中，设备及安装工程的投资，过去一般占18%～25%。机电设备及安装工程工程量主要包括发电设备及安装工程工程量、升压变电设备及安装工程工程量和公用设备及安装工程工程量。发电设备及安装工程工程量主要包括水轮机设备及安装工程工程量、发电机设备及安装工程工程量、主阀设备及安装工程工程量、起重设备及安装工程工程量、水力机械辅助设备及安装工程工程量和电气设备及安装工程工程量等。升压变电设备及安装工程工程量主要包括主变压器设备及安装工程工程量、高压电气设备及安装工程工程量和一次拉线及其他安装工程工程量。公用设备及安装工程工程量主要包括通信设备及安装工程工程量、通风采暖设备及安装工程工程量、机修设备及安装工程工程量、计算机监控系统工程量、管理自动化系统工程量、全厂接地及保护网工程量、电梯设备及安装工程工程量和坝区馈电设备及安装工程工程量等。

任务7.2 工程量计算规则

工程量计算就是根据设计图样、概算定额划分的项目及定额规定的工程量计算规则，按图样列出分项工程名称，再写出计算式，并计算出最后结果的过程。水利水电工程各设计阶段的工程量，对优选设计方案和准确预测各设计阶段的工程投资非常重要。因而，在工程中，必须要正确地计算工程量。要正确计算工程量，就必须按照一定的规则来计算。

编制概（估）算的工程量是由项目划分中三级项目的设计工程量乘以相应阶段系数（表7.1）后而得出的，其中的设计工程量为按照建筑物或工程设计几何轮廓尺寸计算出的工程量。不同设计阶段的设计工程量，其计算精度应与相应设计阶段编制规程的要求相适应。施工中允许的超挖量、超填量、合理的施工附加量及施工操作损耗，在概算定额中已计入，预算定额中未计入。

表7.1 设计工程量计算阶段系数表

类别	设计阶段	土石方、填筑、砌石工程量/万 m^3				混凝土/万 m^3		钢筋	钢材	模板
		>500	500～200	200～50	<50	10～5	<5			
永久工程或建筑物	项目建议书	1.11	1.09	1.07	1.05	1.1	1.08	1.08	1.06	1.11
	可行性研究	1.03	1.04	1.06	1.08	1.06	1.08	1.06	1.05	1.08
	初步设计	1.02	1.03	1.04	1.05	1.03	1.05	1.03	1.03	1.05
施工临时工程	项目建议书	1.07	1.10	1.12	1.15	1.10	1.12	1.1	1.1	1.12
	可行性研究	1.06	1.08	1.10	1.13	1.08	1.10	1.08	1.08	1.09
	初步设计	1.04	1.06	1.08	1.1	1.05	1.08	1.05	1.05	1.06

7.2.1 永久工程建筑工程量计算规则

（1）土石方开挖工程量应按岩土分类级别计算，除冻土外，均按土石十六级分类法的前四级划分土类级别，岩石级别划分按土石十六级分类法的Ⅴ～ⅩⅥ级划分。并将明挖、暗挖分开，明挖宜分一般、坑槽、基础、坡面等，暗挖宜分平洞、斜井、竖井和地下厂房等。

(2) 土石方填筑工程量应根据建筑物设计断面中不同部位、不同填筑材料的设计要求分别计算，以建筑物实体方计量。

(3) 砌筑工程量按不同砌筑材料、砌筑方式（干砌、浆砌等）和砌筑部位分别计算，以建筑物砌体方计量。

(4) 疏浚工程量计算宜按设计水下方计量，开挖过程中的超挖及回淤量不应计入。

(5) 吹填工程量计算除考虑吹填土层下沉及原地基下沉增加量，还应考虑施工期泥沙流失量，计算出吹填区陆上方再折算为水下方。

(6) 土工合成材料工程量按不同材料和不同部位分别计算，宜按设计铺设面积或长度计算，不应计入材料搭接及各种型式嵌固的用量。

(7) 混凝土工程量计算应以成品实体方计量，项目建议书阶段混凝土工程量宜按工程各建筑物分项、分强度和级配计算。可行性研究和初步设计阶段混凝土工程量应根据设计图样分部位、分强度、分级配计算。钢筋混凝土的钢筋可按含钢率或含钢量计算。混凝土结构中的钢衬工程量应单独列出。

(8) 混凝土立模面积应根据建筑物结构体形、施工分缝要求和使用模板的类型计算。

(9) 基础固结灌浆与帷幕灌浆的工程量自起灌基面算起，钻孔长度自实际孔顶高程算起。回填灌浆工程量按设计的回填接触面积计算，接触灌浆和接缝灌浆工程量按设计所需面积计算。

(10) 混凝土地下连续墙的成槽和混凝土浇筑工程量应分别计算。成槽工程量按不同墙厚、孔深和地层以面积计算。混凝土浇筑的工程量，按不同墙厚和地层以成墙面积计算。

(11) 锚杆支护工程量按锚杆类型、长度、直径和支护部位及相应岩石级别以根数计算。预应力锚索的工程量按不同预应力等级、长度、型式及锚固对象以束计算。

(12) 喷混凝土工程量应按喷射厚度、部位及有无钢筋以体积计，回弹量不应计入。喷浆工程量应根据喷射对象以面积计。

7.2.2　施工临时工程工程量计算规则

(1) 施工导流工程，与永久水工建筑物结合部分（如土石坝的上游围堰）计入永久工程量中，不结合部分（如导流洞或底孔封堵、闸门等）计入施工临时工程。

(2) 施工支洞工程量和大型施工设施及施工机械布置所需土建工程量应按永久水工建筑物工程量计算要求进行计算，阶段系数按施工临时工程计取。

(3) 施工临时公路工程量可根据相应设计阶段施工总平面布置图或设计提出的运输线路分等级计算公路长度或具体工程量。

(4) 施工供电线路工程量可按设计的线路走向、电压等级和回路数计算。

7.2.3　金属结构及安装工程工程量计算规则

(1) 水工建筑物的各种钢闸门和拦污栅的工程量以吨计，项目建议书可按已建工程类比确定；可行性研究阶段可根据初选方案确定的类型和主要尺寸计算；初步设计阶段应根据选定方案的设计尺寸和参数计算。

（2）启闭设备工程量计算宜与闸门和拦污栅工程量计算精度相适应，并分别列出设备重量（吨）和数量（台、套）。

（3）压力钢管工程量应按钢管型式（一般、叉管）、直径和壁厚分别计算，以吨为计量单位，不应计入钢管制作与安装的操作损耗量。

7.2.4 机电设备及安装工程工程量计算规则

（1）能够一量多用的分项子目分别列式计算。

（2）不同材质型号规格分别列式计算。

（3）总干管、干管、支管分别列式计算。

（4）防雷接地，配管埋地水平段、垂直段，明（暗）配管的水平段、垂直段应在计算方式中分别列式并标注文字。

（5）电线、电缆的预留量应在计算式中分别列式并用文字标明。

（6）不同回路分别列式计算。

（7）相同配管、不同配线型号规格及穿线根数分别列式计算。

（8）照明系统的灯具、插座线路配管工程量分别列式计算。

任务7.3 常见工程工程量计算

水利水电工程所包含的分部分项工程很多，计算工程量的项目也很复杂，为了避免出现漏算或重算的现象，必须掌握合理的工程量计算的方法。尽管全国各地的现行定额和工程量计算规则有一定的差异，但本质上的区别并不大。常见的计算方法有以下几种：

（1）按定额的编排顺序列项计算，按现行定额所排列的分部分项顺序依次列项计算，如土石方、桩基础、脚手架、砌筑等。

（2）按施工顺序列项计算，按施工的先后顺序计算，如基础工程是按场地平整、挖地槽、地坑、基础垫层、砌筑或浇筑基础等顺序计算。

（3）按建筑平面图以一定方向列项计算，从建筑物平面图的一角开始，沿图纸对角线方向依次计算各项。这种方法主要适用于外墙挖地槽、外槽基础、外墙砌筑、外墙抹灰等。

（4）按构件的分类和桩号顺序计算。这种方法是按照各类不同的构配件，如各种闸墩、防洪堤、梁、板、柱等，根据各种构配件的尺寸、标号分别列表依次计算。这种方法既方便检查校对，又能简化算式。

在实际应用过程中，上述工程量计算的方法并不是单一的，应根据工程情况灵活运用，可以综合运用多种计算方法。总而言之，不论采用哪种计算方法，都应做到所计算的项目不重、不漏，数据准确、可靠。以一组C20混凝土泵房初步设计图纸为例（图7.8和图7.9），介绍几种常见工程量的计算。

7.3.1 土方开挖工程量计算

土石方开挖工程量根据设计开挖图样尺寸，按不同土壤和岩石类别以体积（m^3）分

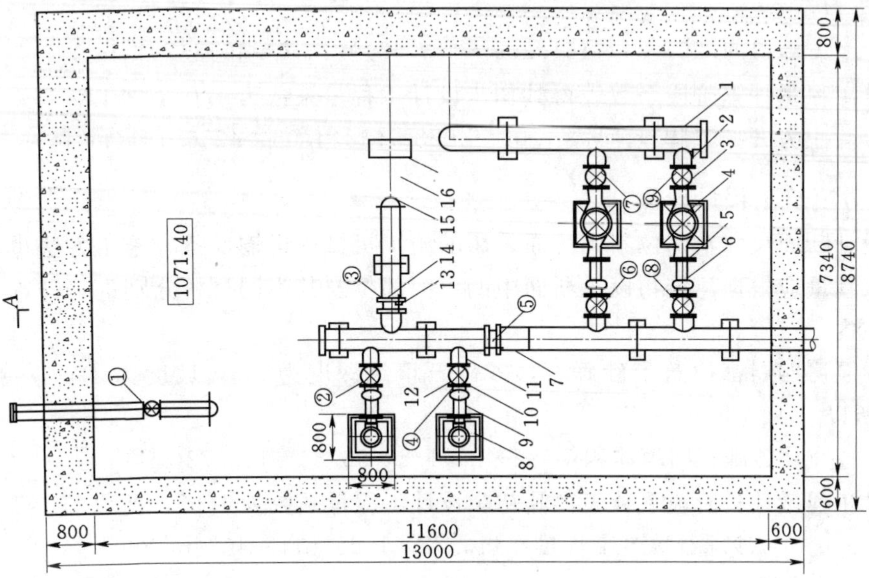

图 7.8　某泵房机组平面布置图

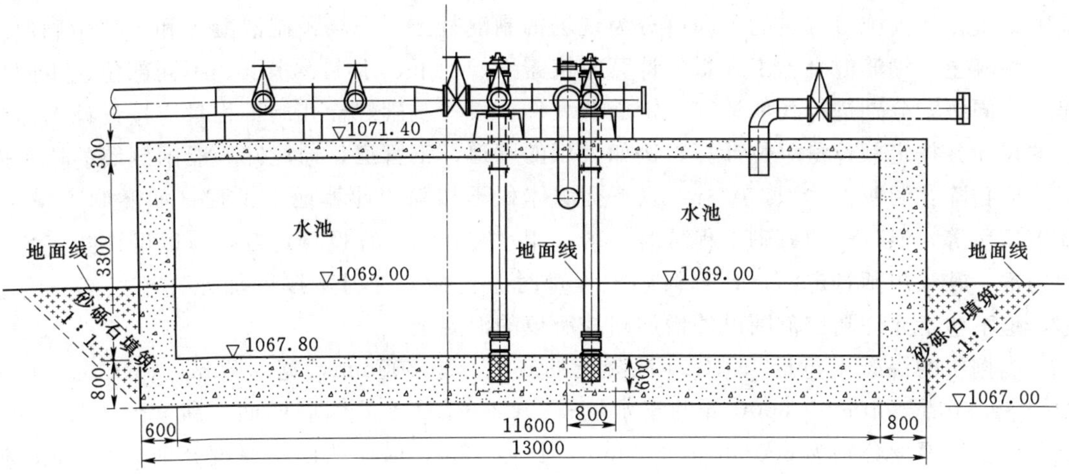

图 7.9　*A*—*A* 剖视图

别进行计算。因其挖装、钻孔、运输的机械不同，其开挖的分类亦不同，故还要按明挖不同部位、暗挖不同部位分别计算工程量。如土方工程应将一般土方开挖、砂砾（卵）石开挖等分别计算。

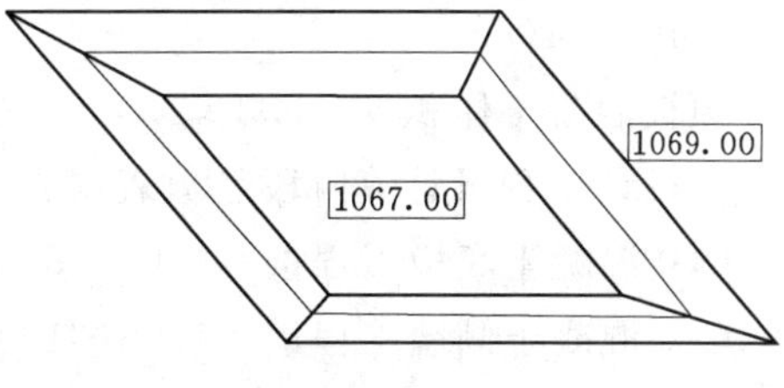

图 7.10　泵站开挖形状

图 7.8 所示泵站基础基坑宽 8.74m，长 13m，建基面高程为 1067.00m，原地面高程为 1069.00m，开挖形状为四棱台（图 7.10），开挖土壤为Ⅱ类土。

土方开挖为四棱台公式 $V=(S_1+4S_0+S_2)H/6$，其中上底面积 S_1，下底面积 S_2，中截面

面积 S_0，高 H。

$$V=(194.297+4\times151.269+113.62)\times2\div6=4053.791(m^3)$$

查设计工程量计算阶段系数表得其初步设计工程量系数为 1.05，所以

$$土方开挖工程量=V\times1.05=4053.791\times1.05=4256.481(m^3)$$

7.3.2 土方填筑工程量计算

因随设计断面尺寸及部位不同，而采用的施工机械、运输设备、施工方法也不同，土石方填筑工程量应根据建筑物设计断面中的不同部位及其不同材料分别进行计算，其沉陷量应包括在内。

案例中泵房四周都填筑了砂砾石，砂砾石填筑深度为 2m，坡度为 1∶1，总长度为 56.86m，所以

$$砂砾石回填体积\ V=2\times2\times1/2\times56.86=113.72(m^3)$$

查设计工程量计算阶段系数表得其初步设计工程量系数为 1.05，所以

$$砂砾石填筑工程量=113.72\times1.05=119.406(m^3)$$

7.3.3 混凝土工程量计算

混凝土和钢筋混凝土构件，按其材料的不同可分为素混凝土、钢筋混凝土和预应力钢筋混凝土；按其施工方法的不同可分为现场捣制混凝土、现场预制混凝土和工厂预制混凝土。混凝土及钢筋混凝土工程量的计算应按露天、地下、水上、水下、不同部位、不同标号、不同级配分别进行列项计算。钢筋及埋件、设备基础螺栓孔洞工程量应按设计图样所示的尺寸并按定额计量单位计算，例如大坝的廊道、钢管道、通风井、船闸侧墙的输水道等，应扣除孔洞所占体积，0.3m^2 以下孔洞体积不扣除。计算地下工程（如隧洞、竖井、地下厂房等）混凝土的衬砌工程量时，若采用水利建筑工程概算定额，应以设计断面的尺寸为准；若采用预算定额，计算衬砌工程量时应包括设计衬砌厚度加允许超挖部分的工程，但不包括允许超挖范围以外增加超挖所填的混凝土。

本例中的混凝土包括：①C20 混凝土的底板，厚 800mm，宽 8.74m，长 13m，上有四个 800mm×800mm×600mm 的集水坑；②C20 混凝土的侧墙四面，高度均为 3.30m，纵向两面墙厚度分别为 800mm 和 600mm，长为 13m，横向两面墙厚度分别为 800mm 和 600mm，长为 8.74m；③C20 混凝土顶板，厚 300 mm，宽 8.74m，长 13m，孔洞忽略不计。

底板混凝土体积 $V=0.8\times13\times8.74-0.8\times0.8\times0.6\times4=89.36(m^3)$

侧墙混凝土体积 $V=3.3\times0.8\times13+3.3\times0.6\times13+3.3\times0.8\times8.74+3.3\times0.6\times8.74=100.44(m^3)$

顶板混凝土体积 $V=0.3\times13\times8.74=34.086(m^3)$

查设计工程量计算阶段系数表得其初步设计工程量系数为 1.05，所以

C20 混凝土底板工程量 $=1.05\times89.36=93.828(m^3)$

C20 混凝土侧墙工程量 $=1.05\times100.44=105.462(m^3)$

C20 混凝土顶板工程量 $=1.05\times34.086=35.79(m^3)$

任务 7.4 工 料 分 析

7.4.1 工料分析的含义

根据工程量计算和定额规定的消耗量标准，对工程所用工日及材料进行分析计算，进而统计出单位工程及分部分项工程所需的人工数量及主要材料用量。工料分析得到的全部人工和各种材料消耗量，是工程消耗的最高限额；是编制单位工程劳动计划和材料供应计划、开展班组经济核算的基础；也是预算造价计算当中直接费调整的计算依据之一。主要材料一般包括钢筋、钢材、水泥、木材、汽油、柴油、炸药、沥青、粉煤灰等种类。

工料分析虽对完成某分部分项工程所需的人工、材料、机械的预算用量不能直观地反映出来，但是由于施工企业管理和经济核算以及部分材料调整都必须以工料分析的结果为依据，所以工料分析十分重要。工料分析是建筑企业管理中必不可少的技术资料，也是施工组织设计中安排施工进度不可缺少的重要工作，主要作为企业内部使用。

7.4.2 工料分析的方法

工料分析，首先是从所适用的定额本当中，查出各分项工程各工料的单位定额消耗工料的数量，然后分别乘以相应分项工程的工程量，得到分项工程的人工、材料消耗量。最后将各分部分项工程的人工、材料消耗量分别进行计算和汇总，得出单位工程人工、材料的消耗数量

$$人工 = \sum 分项工程量 \times 工日消耗定额 \tag{7.1}$$

$$材料 = \sum 分项工程量 \times 各种材料消耗定额 \tag{7.2}$$

工料分析的编制，采用工时、材料计算表进行，见表 7.2。

表 7.2　　工时、材料计算表

序号	单价编号	工程项目名称	单位	工程量	工时/个		汽油/kg			柴油/kg			水泥/kg		木材/m^3		钢筋/t		钢材/kg		炸药/kg		沥青/kg		粉煤灰/kg	
					定额用工	合计	定额台时用量	台时用油	合计	定额台时用量	台时用油	合计	定额用量	合计	定额用量	合计	定额用量	合计	定额用量	合计	定额用量	合计	定额用量	合计	定额用量	合计

枢纽工程（主体建筑物）和施工导流工程工料分析的计算步骤及填写说明如下：

(1) 填写单价编号、工程项目名称、单位和工程量。按照概算项目分级顺序逐项填写表格中的单价编号、工程项目名称、单位和工程量。

(2) 填写单位定额用工、材料用量。根据各工程项目的定额编号，查找该编号所需的单位定额用工数量、单位定额材料用量和单位定额机械台时用量，并填入表中。

(3) 在表格中计算工时及材料数量。其中，定额用量是指单位定额用量，工时用量及水泥、钢筋、钢材、木材、炸药、沥青、粉煤灰等材料用量，按照单位定额工时、材料用量分别乘以相应工程数量即得出工时及材料数量合计；汽油、柴油材料用量，按照单位定额台时用量乘以台时耗油量，乘以相应工程数量，即得其汽油、柴油合计用量。

(4) 重复前三步计算方法逐项计算，再逐级向上合并汇总，即得所需计算的工时、材料用量。

(5) 按照概算表格要求填写主体工程工时数量汇总表及主体工程主要材料量汇总表。

7.4.3 工料分析的注意事项

(1) 凡是由预制厂制作现场安装的构件，应按制作和安装分别计算工料。

(2) 对主要材料应按品种、规格及预算价格不同分别进行用量计算，并分类统计。

(3) 按系数法补价差的地方材料可以不分析，但经济核算有要求时应全部分析。

(4) 对换算的定额子目在工料分析时要注意含量的变化，以求分析量准确完整。

(5) 机械费用需单项调整的，应同时按规格、型号进行机械使用台班用量的分析。

复习思考题

1. 水利水电工程量主要包括哪些工程量？

2. 永久工程建筑工程量主要包括哪些工程量？挡水工程主要包括哪些工程量？

3. 施工临时工程工程量主要包括哪些？导流工程工程量主要包括哪些？

4. 永久工程建筑工程量计算时，有哪些规则需要注意？

5. 施工临时工程工程量计算规则有哪些？

6. 什么是工程量的计算？根据图 7.11～图 7.13 计算该水闸闸室的工程量（不计算上部结构的工程量）。

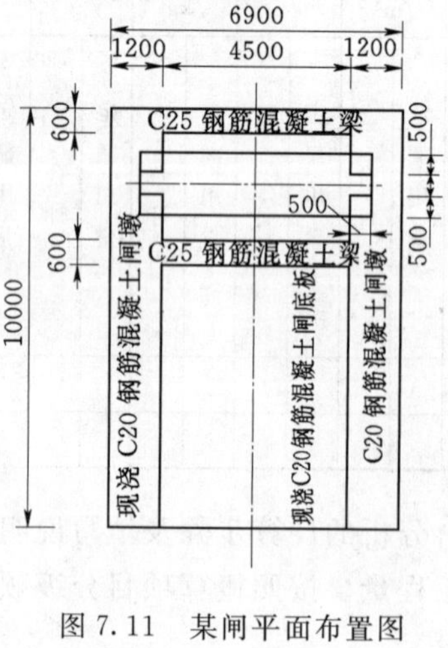

图 7.11 某闸平面布置图

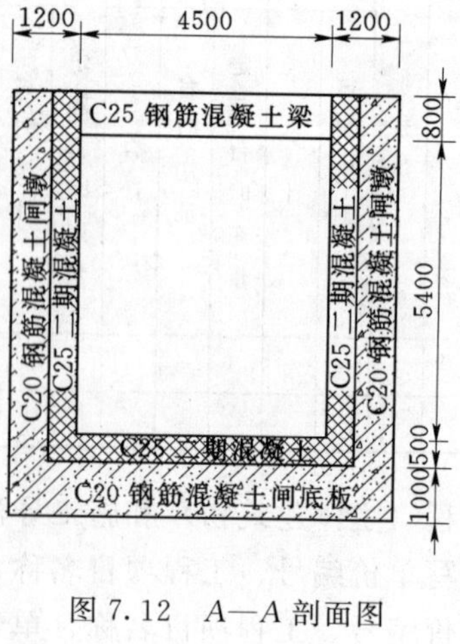

图 7.12 *A*—*A* 剖面图

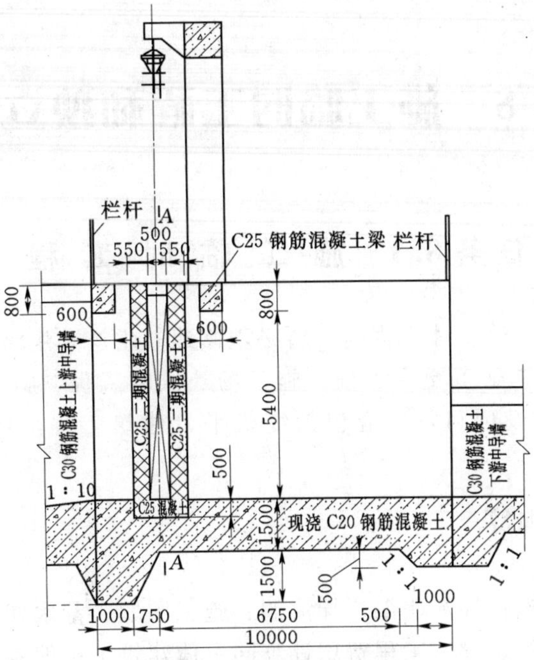

图 7.13　某闸纵剖面图

7. 什么是工料分析？试根据表 7.3 的资料结合概算，对其进行工料分析，并填入表 7.3 中。

表 7.3　　　　　　　　**基本资料表**

序　号	工程或费用名称	单　位	数　量	定额编号
1	砂砾石开挖	m^3	651	10644
2	C10 砂浆砌挡土墙	m^3	1900	30038
3	C15 混凝土铺盖	m^3	198	40058
4	C15 混凝土闸墩	m^3	245	40066
5	C20 混凝土底板	m^3	225	40058
6	C15 混凝土导墙	m^3	125	40069
7	C20 混凝土胸墙	m^3	38	40067
8	C25 混凝土板梁柱	m^3	58	40017
9	钢筋制安	t	40	40123

项目8　施工临时工程和独立费用

任务8.1　施 工 临 时 工 程

施工临时工程指为辅助主体工程施工所必须修建的生产和生活用临时性工程。施工临时工程由施工导流工程、施工交通工程、施工场外供电工程、施工房屋建筑工程四项组成。凡有缆机施工的建设项目，还应包括缆机平台建筑工程，列在施工房屋建筑工程之前。

8.1.1　施工导流工程概算

8.1.1.1　项目划分

施工导流工程具体包括导流明渠、导流洞、施工围堰、蓄水期下游断流补偿设施、金属结构设备及安装工程等。导流工程费用计算同主体建筑工程编制方法，按设计工程量乘工程单价计算投资。

8.1.1.2　相关定额

围堰定额分袋装土石围堰填筑和拆除、钢板桩围堰打拔、石笼围堰填筑、围堰水下混凝土和截流体填筑等子目，计算围堰投资时需结合施工组织设计正确选用有关定额。

8.1.2　施工交通工程概算

施工交通工程包括施工现场内外为工程建设服务的临时交通工程，如公路、铁路、桥梁、施工支洞、码头、转运站等。施工交通工程费用既可按设计工程量乘单价计算，也可根据工程所在地区造价指标或有关实际资料，采用扩大单位指标编制。

8.1.3　施工场外供电工程概算

施工场外供电工程包括从现有电网向施工现场供电的高压输电线路，即高压电网到施工主变压器高压侧之间的高压输电线路（枢纽工程，35 kV及以上等级；引水及河道工程，10kV及以上等级），也包括施工现场降压变（配）电设备（场内除外）出线端之间，即由主变压器高压侧至现场各施工点最后一级降压变压器低压侧之间的配电线路和变配电设施工程。根据设计的电压等级、线路架设的长度及所配备的变配电设施要求，采用工程所在地区造价指标或实际资料计算投资。

从最后一级降压变压器低压侧至施工现场内各用电点的施工设备和低压配电线路损耗，已包含在施工场内各用电施工设备的台时耗电定额内。

8.1.4　施工房屋建筑工程概算

施工房屋建筑工程指工程在建设过程中建造的临时房屋，包括施工仓库和办公、生活及文化福利建筑及所需的配套设施工程两部分。

8.1.4.1　施工仓库

施工仓库是指为工程施工而临时兴建的设备、材料、工器具等的仓库。其建筑面积和建筑标准由施工组织设计确定，根据当地生活福利建筑的相应造价水平确定单位造价指标，用指标法计算投资。

8.1.4.2　办公、生活及文化福利建筑

办公、生活及文化福利建筑是指施工单位、建设单位（含监理）、设计代表在工程建设期间所需的办公室、宿舍、招待所和其他文化福利设施等房屋建筑工程。其投资计算方法如下。

（1）对枢纽工程和大型引水工程。

$$I=(AUP/NL)K_1K_2K_3 \quad (8.1)$$

式中　I——办公、生活及文化福利建筑投资；

A——建筑安装工作量，按一至四部分建筑安装工作量（不包括办公、生活及文化福利建筑和其他施工临时工程）之和乘以（1+其他临时工程百分率）计算；

U——人均建筑面积综合指标，按 12～15m^2/人标准计算；

P——单位造价指标，参考工程所在地的永久房屋造价指标（元/m^2）计算；

N——施工工期，按施工组织设计确定的合理工期计算；

L——全员劳动生产率，一般不低于 60000 元/(人・年)，施工机械化程度高的取大值，反之取小值；

K_1——施工高峰人数调整系数，取 1.10；

K_2——室外工程系数，取 1.10～1.15，地形条件差的取大值，反之取小值；

K_3——单位造价指标调整系数，按不同施工年限，采用表 8.1 中的调整系数。

表 8.1　单位造价指标调整系数表（枢纽工程和大型引水工程）

合理工期/年	系　数	合理工期/年	系　数
<2	0.25	5～8	0.70
2～3	0.40	8～11	0.80
3～5	0.55		

（2）对河湖整治工程、灌溉工程、堤防工程、改扩建与加固工程。按一至四部分建筑安装工作量的百分数计算，见表 8.2。

表 8.2　办公、生活及文化福利建筑投资计算费率表

合理工期/年	费率/%	合理工期/年	费率/%
≤3	1.5～2.0	>3	1.0～1.5

8.1.5　其他施工临时工程

其他施工临时工程是指除施工导流、施工交通、施工场外供电、施工房屋建筑、缆机

平台以外的施工临时工程，其主要包括施工供水系统（大型泵房及干管）、砂石料系统、混凝土拌和浇筑系统、大型机械安装拆卸、防汛、防冰、施工排水、施工通信、施工临时支护设施（含隧洞临时钢木支撑）等工程。注意，其他施工临时工程不包括照明线路工程，照明线路工程费用包含在“现场经费”的“临时设施费”中。

其他施工临时工程按一至四部分建筑安装工作量（不包括其他施工临时工程本身）之和的百分率计算，其中，枢纽工程和引水工程的为3%～4.09%，河道工程的为0.5%～1%。

大型机械是指$3m^3$以上挖掘机，10 t以上塔式、臂式和铁路起重机，缆机，混凝土拌和楼，准轨机车，船舶等，因其安装拆除费用较大，如按一般施工机械那样放在台时费中逐步摊销，则不断要长期占用流动资金，而且不利于财务分年度核算，故列在其他临时工程中。对于这些施工机械的一次安装拆卸费用，有关资料附有参考指标。除上述几种施工机械外，凡台时定额中计列了安装拆卸费的，一律不再重复计算。

如有费用高、工程量大的施工辅助项目，比如缆机平台和大型河道治理的排水施工等，可根据实际单独列项。

任务8.2　独　立　费　用

水利工程独立费用是指按照基本建设工程投资统计包括范围的规定，应在投资中支付并列入建设项目概算或单项工程综合概算内，与工程直接有关而又难以直接摊入某个单位工程的其他工程费用。独立费用由建设管理费、生产准备费、科研勘测设计费、建设及施工场地征用费和其他费用五项组成。

8.2.1　建设管理费

建设管理费指建设单位在工程项目筹建和建设期间进行管理工作所需各项费用，包括项目建设管理费、工程建设监理费和联合试运转费三项。

8.2.1.1　项目建设管理费

项目建设管理费包括建设单位开办费和建设单位经常费。

（1）建设单位开办费。建设单位开办费是指新组建的工程建设单位为开展工程建设管理工作所必须购置的办公及生活设施、交通工具以及其他用于开办工作的费用。对于新建工程，其开办费应根据建设单位开办费标准和建设单位的定员人数来确定。对于改建、扩建和加固工程，原则上不计建设单位开办费，但是，要根据改扩建和加固工程的具体情况决定。按照水利部现行规定，水利工程建设单位开办费费用标准见表8.3，建设单位定员见表8.4。

表8.3　　　　建设单位开办费费用标准表

建设单位人数/人	20以上	21～40	41～70	71～140	141以上
开办费/万元	120	120～220	220～350	350～700	700～850

注　1. 引水工程及河道工程按总工程计算，不得分段分别计算。
2. 定员人数在两个数之间的，采用内插法计算开办费。

表 8.4 建设单位定员表

工 程 类 别		工程规模		定员
枢纽工程	特大型工程	如南水北调		140 人以上
	综合利用的水利枢纽工程	大（1）型	总库容＞10 亿 m^3	70～140 人
		大（2）型	总库容 1 亿～10 亿 m^3	40～70 人
	以发电为主的枢纽工程	200 万 kW 以上		90～120 人
		150 万～200 万 kW		70～90 人
		100 万～150 万 kW		55～70 人
		50 万～100 万 kW		40～55 人
		30 万～50 万 kW		30～40 人
		30 万 kW		20～30 人
	枢纽扩建及加固工程	大型	总库容＞1 亿 m^3	21～35 人
		中型	总库容 0.1 亿～1 亿 m^3	14～21 人
引水及河道工程	大型引水工程	线路总长＞300km		84～140 人
		线路总长 100～300km		56～84 人
		线路总长≤100km		28～56 人
	大型灌溉或排涝工程	灌溉或排涝面积＞150 万亩		56～84 人
		灌溉或排涝面积 50 万～150 万亩		28～56 人
	大江大河整治及堤防加固工程	河道长度＞300km		42～56 人
		河道长度 100～300km		28～42 人
		河道长度≤100km		14～28 人

注 1. 当大型引水、灌溉或排涝、大江大河整治及堤防加固工程包含有较多的泵站、水闸、船闸时，定员可适当增加。
2. 本定员只作为计算建设单位开办费和建设单位人员经常费的依据。
3. 工程施工条件复杂者取大值，反之取小值。

（2）建设单位经常费。建设单位经常费包括建设单位人员经常费和工程管理经常费。

1）建设单位人员经常费。建设单位人员经常费是指建设单位自批准组建之日起至完成该工程建设管理任务之日止，需要开支的经常费用，主要包括工作人员基本工资、辅助工资、工资附加费、劳动保护费、教育经费、办公费、差旅交通费、会议费、交通车辆使用费、技术图书资料费、固定资产折旧费、零星固定资产购置费、低值易耗品摊销费、工具用具使用费、修理费、水电费、取暖费等。

建设单位人员经常费根据建设单位定员、费用指标和经常费用计算期进行计算。编制概算时，应根据工程所在地区和编制年的基本工资、辅助工资、工资附加费、劳动保护费及费用标准调整表 8.3、表 8.4 中的费用，作为计算建设单位人员经常费的依据。

建设单位人员经常费计算公式为

建设单位人员经常费＝费用指标[元/(人·年)]×定员人数×经常费用计算期(年)　(8.2)

式中，定员人数按表 8.4 取。

按水利部现行规定，枢纽工程、引水工程建设单位人员经常费费用指标见表 8.5，河道工程建设单位人员经常费费用指标见表 8.6。

表 8.5　六类（北京）地区建设单位人员经常费费用指标表（枢纽工程、引水工程）

序号	项目	计算公式	金额/[元/(人·年)]
(1)	基本工资		6420
	工人	400×12×10%	480
	干部	550×12×90%	5940
(2)	辅助工资		2446
	地区津贴	北京地区无	0
	施工津贴	5.3×365×0.95	1838
	夜餐津贴	4.5×251×30%	339
	节日加班津贴	6420/251×10×3×35%	269
(3)	工资附加费		4432
	职工福利基金	[(1)+(2)]×14%	1241
	工会经费	[(1)+(2)]×2%	177
	职工教育经费	[(1)+(2)]×1.5%	133
	养老保险费	[(1)+(2)]×20%	1773
	医疗保险费	[(1)+(2)]×4%	355
	工伤保险费	[(1)+(2)]×1.5%	133
	职工失业保险基金	[(1)+(2)]×2%	177
	住房公积金	[(1)+(2)]×5%	443
(4)	劳动保护费	(1)×12%	770
(5)	小计		14068
(6)	其他费用	[(1)+(2)+(3)+(4)]×180%	25322
(7)	合计		39390

注　工期短或施工条件简单的引水工程费用指标应按河道工程费用指标执行。

表 8.6　六类(北京)地区建设单位人员经常费费用指标表(河道工程)

序号	项目	计算公式	金额/[元/(人·年)]
(1)	基本工资		4494
	工人	280×12×10%	336
	干部	385×12×90%	4158
(2)	辅助工资		1628
	地区津贴	北京地区无	0
	施工津贴	3.5×365×0.95	1214
	夜餐津贴	4.5×251×20%	226
	节日加班津贴	4494/251×10×3×35%	188

续表

序 号	项 目	计算公式	金额/[元/(人·年)]
(3)	工资附加费		3060
	职工福利基金	[(1)+(2)]×14%	857
	工会经费	[(1)+(2)]×2%	122
	职工教育经费	[(1)+(2)]×1.5%	92
	养老保险费	[(1)+(2)]×20%	1224
	医疗保险费	[(1)+(2)]x4%	245
	工伤保险费	[(1)+(2)]×1.5%	92
	职工失业保险基金	[(1)+(2)]×2%	122
	住房公积金	[(1)+(2)]×5%	306
(4)	劳动保护费	(1)×12%	539
(5)	小计		9721
(6)	其他费用	[(1)+(2)+(3)+(4)]×180%	17498
(7)	合计		27219

根据施工组织设计确定的施工总进度和总工期，建设单位人员从工程筹建之日起，至工程竣工之日加3～6个月止，为经常费用计算期。其中：大型水利枢纽、大型引水工程、灌溉或排涝面面积大于150万亩工程的筹建期为1～2年，其他工程的筹建期为0.5～1年。

2）工程管理经常费。工程管理经常费是指建设单位从工程筹建到工程竣工期间所发生的各种管理费用，包括在该工程建设过程中用于筹措资金、召开董事（股东）会议、视察工程建设所发生的会议和差旅等费用；建设单位为解决工程建设涉及的技术、经济、法律等问题需要进行咨询所发生的费用；建设单位进行项目管理所发生的土地使用税、房产税、合同公证费、审计费、招标业务费等；施工期所需的水情、水文、泥沙、气象监测费和报汛费；工程验收费和由主管部门主持对工程设计进行审查、对安全进行鉴定等发生的费用；在工程建设过程中，必须派驻工地的公安、消防部门的补贴费及其他属于工程管理性质开支的费用。

按水利部现行规定，枢纽工程及引水工程一般按建设单位开办费和建设单位人员经常费之和的35%～40%计取；改扩建工程与加固工程、堤防及疏浚工程按建设单位开办费和建设单位人员经常费之和的20%计取。

8.2.1.2 工程建设监理费

工程建设监理费是指在工程建设过程中聘任监理单位，对工程的质量、进度、安全和投资进行监理所发生的全部费用，包括监理单位为保证监理工作正常开展而必须购置的交通工具、办公及生活设备、检验或试验设备，以及监理人员的基本工资、辅助工资、工资附加费、劳动保护费、教育经费、办公费、差旅交通费、会议费、技术图书资料费、固定资产折旧费、零星固定资产购置费、低值易耗品摊销费、工具用具使用费、修理费、水电费、采暖费等。

工程建设监理费按照发改价格〔2007〕670号《关于印发〈建设工程监理与相关服务收费管理规定〉的通知》收费标准计算。

8.2.1.3　联合试运转费

联合试运转费是指水利工程中的发电机组、水泵等安装完毕，在竣工验收前进行整套设备带负荷联合试运转所需的各项费用，包括联合试运转期间所消耗的燃料、动力、材料及机械使用费，工具、用具购置费，施工单位参加联合试运转人员的工资等。

按水利部现行规定，联合试运转费用指标见表8.7。

表8.7　联合试运转费用指标表

水电站工程	单机容量/万kW	≤1	1～2	2～3	3～4	4～5	5～6	6～10	10～20	20～30	30～40	>40
	费用/(万元/台)	3	4	5	6	7	8	9	11	12	16	22
泵站工程	电力泵站	25万～30万元/kW										

8.2.2　生产准备费

生产准备费是指水利建设项目的生产、管理单位为准备正常的生产运行或管理发生的费用，包括生产及管理单位提前进厂费、生产职工培训费、管理用具购置费、备品备件购置费、工器具及生产家具购置费五项。

8.2.2.1　生产及管理单位提前进厂费

生产及管理单位提前进厂费是指生产、管理单位在工程完工之前，一部分工人、技术人员和管理人员提前进厂进行生产筹备工作所需的各项费用，包括提前进厂人员的基本工资、辅助工资、工资附加费、劳动保护费、教育经费、办公费、差旅交通费、会议费、技术图书资料费、零星固定资产购置费、修理费、低值易耗品摊销费、工具用具使用费、水电费、取暖费等，以及其他属于生产筹建期间应开支的费用。

取费标准：枢纽工程按一至四部分建安工作量的0.2%～0.4%计算，大（1）型工程取小值，大（2）型工程取大值。引水和灌溉工程视工程规模参照枢纽工程计算。改扩建与加固工程、堤防及疏浚工程原则上不计此项费用，若工程中含有新建大型泵站、船闸等建筑物，按建筑物的建安工作量参照枢纽工程费率适当计列。

8.2.2.2　生产职工培训费

生产职工培训费是指工程在竣工验收之前，生产及管理单位为保证生产、管理工作能顺利进行，对工人、技术人员与管理人员进行培训所发生的费用，包括基本工资、辅助工资、工资附加费、劳动保护费、差旅交通费、实习费等，以及其他属于职工培训应开支的费用。

取费标准：枢纽工程按一至四部分建安工作量的0.3%～0.5%计算，大（1）型工程取小值，大（2）型工程取大值。引水和灌溉工程视工程规模参照枢纽工程计算。改扩建与加固工程、堤防及疏浚工程原则上不计此项费用，若工程中含有新建大型泵站、船闸等建筑物，按建筑物的建安工作量参照枢纽工程费率适当计列。

8.2.2.3 管理用具购置费

管理用具购置费是指为保证新建项目的正常生产和管理而购置办公和生活用具等的费用，包括办公室、会议室、档案资料室、阅览室、文娱室、医务室等公用设施需要的家具器具。

取费标准：枢纽工程按一至四部分建安工作量的0.02%～0.08%计算，大（1）型工程取小值，大（2）型工程取大值。引水工程和河道工程按建安工作量的0.02%～0.03%计算。

8.2.2.4 备品备件购置费

备品备件购置费是指工程在投产以后的运行初期，由于易损件损耗和可能发生的事故而购买备品备件和专用材料的费用，不包括设备价格中配备的备品备件购置费。

取费标准：备品备件购置费按设备费的0.4%～0.6%计算，大（1）型工程取下限，其他工程取中、上限。注意，设备费用包括机电设备、金属结构设备及运杂费等全部设备费；电站、泵站同容量、同型号机组超过一台时，只计算一台的设备费。

8.2.2.5 工器具及生产家具购置费

工器具及生产家具购置费指按设计规定，为保证初期生产正常运行所必须购置的不属于固定资产标准的生产工具、器具、仪表、生产家具等的购置费，不包括设备价格中已包括的专用工具。

取费标准：工器具及生产家具购置费按设备费的0.08%～0.20%计算，枢纽工程取下限，其他工程取中、上限。

8.2.3 科研勘测设计费

科研勘测设计费是指为工程建设所需的科研、勘测和设计等支出的费用。科研勘测设计费包括工程科学研究试验费和工程勘测设计费。

8.2.3.1 工程科学研究试验费

工程科学研究试验费指在工程建设过程中，为解决工程的技术问题而进行必要的科学研究试验所需的费用。

取费标准：枢纽及引水工程按建安工作量的0.5%计算；河道工程按建安工作量的0.2%计算。

8.2.3.2 工程勘测设计费

工程勘测设计费指工程从项目建设书开始至以后各设计阶段的勘测费、设计费，包括项目建议书、可行性研究、初步设计、招标设计和施工图设计等阶段发生的勘测费、设计费和为勘测设计服务的科研试验费用。

8.2.4 建设及施工场地征用费

建设及施工场地征用费指设计确定的建设及施工场地范围内的永久征地及临时占地，以及地上附着物的迁建补偿费用，包括土地补偿费，安置补助费，青苗、树木等补偿费，以及建筑物迁建和居民迁移费等。

具体编制方法和计算标准参照移民和环境部分概算编制规定执行。

8.2.5 其他费用

8.2.5.1 工程保险费

工程保险费是指工程建设期内，为使工程能在遭受水灾、火灾等自然灾害和意外事故造成损失后得到经济补偿，而对建筑、设备及安装工程保险所发生的保险费用。如需对工程进行保险，保险费用可按水利部与中国人民保险公司联合商定的费率进行计算，即内资部分按一至四部分投资合计的4.5‰～5‰计算。

8.2.5.2 其他税费

其他税费是指按国家规定应缴纳的与工程建设有关的税费。

另有定额编制管理费、工程质量监督费。其中定额编制管理费指为定额的测定、编制、管理、发行等所需的经费。定额编制管理费按照国家及省、自治区、直辖市计划（物价）部门有关规定计收。工程质量监督费指为保证工程质量而进行的检测、监督、检查工作等费用。按照国家及省、自治区、直辖市计划（物价）部门有关规定计收。这两项费用已于2009年被取消，不再计取。

复习思考题

1. 什么是施工临时工程？由哪些部分组成？
2. 施工导截流工程项目是如何划分的？
3. 什么是施工房屋建筑工程？其概算是如何编制的？
4. 什么是其他施工临时工程？其费用如何计算？
5. 什么是水利工程独立费用？由哪些费用构成？
6. 什么是建设管理费？包括哪几部分？
7. 什么是生产准备费？包括哪几项费用？各取费标准是如何规定的？
8. 什么是工程保险？如何计费？

项目9　水利水电工程设计概算编制

任务9.1　概算编制的原则、依据和程序

水利工程设计概算应根据《水利工程设计概（估）算编制规定》进行编制。

9.1.1　编制原则

（1）遵守国家法律法规，执行水利行业规定，按照基本建设程序进行编制。兼顾国家、投资人和承包人各方利益。

（2）基础价格定价合理，符合社会主义市场经济环境，贴近市场。重点作好主要材料及主要工程单价的调研分析和编制工作，确保编制质量。

（3）工程造价文件应体现社会生产力平均水平。编制造价文件时，造价专业人员切忌弄虚作假，既不高估冒算，也不少算漏算，力求公平公正，实事求是地按客观规律办事。

（4）不同建设阶段造价预测的作用不同。造价专业人员应按不同阶段的要求，编制出内容和深度与之相适应的造价文件。

（5）编制单位和编审人员应具有相应资质，确保文件质量。

9.1.2　编制依据

水利工程设计概算编制依据如下：

（1）国家及省、自治区、直辖市颁发的有关法令、法规、制度、规程。

（2）水利工程设计概（估）算编制规定。

（3）水利建筑工程概算定额、水利水电设备安装工程概算定额、水利工程施工机械台时费定额和有关行业主管部门颁发的定额。

（4）水利工程设计工程量计算规则。

（5）初步设计文件及图纸。

（6）有关合同协议书及资金筹措方案。

（7）其他。

9.1.3　编制程序

水利工程概算由两部分构成：第一部分为工程部分概算，由建筑工程概算、机电设备及安装工程概算、金属结构设备及安装工程概算、施工临时工程概算和独立费用概算五项组成；第二部分为移民和环境部分概算，由水库移民征地补偿、水土保持工程概算和环境保护工程概算三项组成，其概算编制执行《水利工程建设征地移民补偿投资概（估）算编制规定》、《水利工程环境保护概（估）算编制规定》和《水土保持工程环境保护概（估）算编制规定》。

设计概算编制的一般程序如下：

（1）编制准备工作。其内容包括：收集、整理工程设计图纸，初步设计报告，工程枢纽布置，工程地质、水文地质、水文气象等资料；掌握施工组织设计内容，如主要建筑物施工方案、施工机械、对外交通、场内交通，砂石料开采方法等；向上级主管部门、工程所在地有关部门收集税务、交通运输、基建、建筑材料等各项资料；现行水利水电概预算定额和有关水利水电工程设计概预算费用构成及计算标准；各种有关的合同、协议、决定、指令、工具书等。

（2）进行工程项目划分。根据要求详细列出各级项目内容。

（3）编制基础单价。根据有关规定和施工组织设计，编制人工预算单价，材料预算价格，施工用电、水、风价格，施工机械台时费，砂石料单价，混凝土材料单价，砂浆材料单价，设备费等。

（4）编制建筑安装工程单价。按工程项目划分，分别编制每个三级项目（分项工程）的建筑安装工程单价。

（5）计算工程量。依据工程量计算规则、设计图样和工程量计算方法，按分项工程计算工程量。

（6）分部概算。根据分项工程的工程量、工程单价、设备费，计算并编制各分部概算表。

（7）总概算。编制分年度投资表、资金流量表、总概算表和概算总表。

（8）复核、整理、装订。对以上内容进行复核，编写概算编制说明，进行成果整理，打印装订。

任务9.2　设计概算编制内容

设计概算内容由概算正件和概算附件两部分组成。概算正件和概算附件均应单独成册，随初步设计文件报审。

9.2.1　概算正件组成内容

9.2.1.1　编制说明

编制说明包括内容主要有：

（1）工程概况。主要内容包括流域、河系、兴建地点、对外交通条件、工程规模、工程效益、工程布置形式、主体建筑工程量、主要材料用量、施工总工期、施工平均人数和高峰人数、资金筹措情况和投资比例等。

（2）投资主要指标。主要内容包括工程总投资（动态）和静态投资、年度价格指数、基本预备费、建设期融资额度、利息和利率等。

（3）编制依据和应说明的主要问题。主要内容包括：①设计概算编制原则和依据；②人工，主要材料，施工用电、水、风、砂石料等基础单价计算依据；③主要设备价格的编制依据；④费用计算标准及依据；⑤工程资金筹措方案。

（4）设计概算编制中存在的其他应说明的问题。

（5）主要技术经济指标表。

（6）工程概算总表。

9.2.1.2　工程部分概算表

工程部分概算表格有概算表和概算附表。

（1）概算表：①总概算表；②建筑工程概算表；③机电设备及安装工程概算表；④金属结构设备及安装工程概算表；⑤施工临时工程概算表；⑥独立费用概算表；⑦分年度投资概算表；⑧资金流量表。

（2）概算附表：①建筑工程单价汇总表；②安装工程单价汇总表；③主要材料预算价格汇总表；④次要材料预算价格汇总表；⑤施工机械台时费汇总表；⑥主体工程量汇总表；⑦主要材料量汇总表；⑧人工工时数量汇总表；⑨建设及施工场地征用数量汇总表。

9.2.2　概算附件组成内容

（1）人工预算单价计算表。

（2）主要材料运杂费计算表。

（3）主要材料预算价格计算表。

（4）施工用电、水、风价格计算书。

（5）补充定额计算书。

（6）补充施工机械台时费计算书。

（7）砂石料单价计算书。

（8）混凝土材料、砂浆材料单价计算表。

（9）建筑工程单价分析表。

（10）安装工程单价分析表。

（11）主要设备运杂费计算书。

（12）临时房屋建筑工程费用投资计算书。

（13）独立费用计算书。

（14）分年度投资表。

（15）资金流量计算表。

（16）价差预备费计算书。

（17）建设期融资利息计算书。

（18）作为计算人工、材料、设备预算价格和费用依据的有关文件、询价报价资料及其他。

任务 9.3　总 概 算 的 编 制

9.3.1　分部概算编制

分部概算是概算的核心部分。水利工程概算的编制一般在基础单价的编制和项目划分的基础上，根据建筑安装工程概算定额和施工机械台时费定额编制建筑安装工程单价，再根据工程量、工程单价编制分部工程概算，据以编制总概算。下面介绍分部工程概算编制。

9.3.1.1　建筑工程

建筑工程按主体建筑工程、交通工程、房屋建筑工程、外部供电线路工程、其他建筑工程分别采用不同的方法编制。

(1) 主体建筑工程。

1) 主体建筑工程概算。

$$主体建筑工程概算=\sum 建筑设计工程量\times 建筑工程单价 \tag{9.1}$$

2) 主体建筑工程量应根据《水利工程设计工程量计算规则》，按项目划分要求，计算到三级项目。

3) 当设计对混凝土施工有温控要求时，应根据温控措施设计，计算温控措施费用；也可以经过认真分析确定指标后，按建筑混凝土方量进行计算。

(2) 交通工程。

$$交通工程投资=设计工程量\times 工程单价 \tag{9.2}$$

也可根据工程所在地区造价指标或相关实际资料，采用扩大单位指标编制。

(3) 房屋建筑工程。

1) 水利工程的永久房屋建筑面积中，用于生产和管理办公的部分，由设计单位按有关规定，结合工程规模确定；用于生活、文化福利建筑工程的部分，在考虑国家现行房改政策的情况下，按主体建筑投资的百分率计算，见表9.1。

表9.1　生活、文化福利房屋建筑工程概算取费标准

工程分类	费率/%		
枢纽工程	投资≤5亿元	5亿元<投资≤10亿元	投资>10亿元
	1.5～2.0	1.1～1.5	0.8～1.1
引水工程及河道工程	0.5～0.8		

2) 室外工程投资，一般按房屋建筑投资的10%～15%计算。

(4) 供电线路工程。根据设计的电压等级、线路架设长度及所需配备的变配电设施要求，采用工程所在地区造价指标或有关实际资料计算。

(5) 其他建筑工程。

1) 内外部观测工程按建筑工程属性处理。内外部观测工程项目投资应按设计资料计算。如无设计资料时，可根据工程形式，按照主体建筑工程投资的百分比计算，见表9.2。

表9.2　其他建筑工程概算取费标准

工程分类	当地材料坝	混凝土坝	引水式电站（引水建筑物）	堤防工程
费率/%	0.9～1.1	1.1～1.3	1.1～1.3	0.2～0.3

2) 动力线路、照明线路、通信线路等工程投资按设计工程量乘以单价或采用扩大单位指标编制。

3) 其余各项按设计要求分析计算。

9.3.1.2 机电设备及安装工程

机电设备及安装工程投资由设备费和安装工程费两部分组成。

(1) 设备费。设备费是根据设备数量和设备预算价格确定。设备预算价格包括设备原价、运杂费、运输保险费和采购及保管费。

$$设备费=设备数量\times设备预算价格 \tag{9.3}$$

(2) 安装工程费。

$$安装工程费=\sum设备安装数量\times安装工程单价 \tag{9.4}$$

9.3.1.3 金属结构设备及安装工程

此部分的编制方法同机电设备及安装工程。

9.3.1.4 施工临时工程

(1) 导流工程。

$$导流工程费用=\sum设计工程量\times工程单价 \tag{9.5}$$

(2) 施工交通工程。

$$施工交通工程费用=设计工程量\times工程单价 \tag{9.6}$$

也可根据工程所在地的造价指标或有关实际资料，采用扩大单位指标编制。

(3) 施工场外供电工程。根据设计的电压等级、线路架设长度及所需配备的变配电设施要求，采用工程所在地区造价指标或有关实际资料计算。

(4) 施工房屋建筑工程。施工房屋建筑工程包括施工仓库和办公、生活及文化福利建筑两部分。施工仓库是指为工程施工而临时兴建的设备、材料、工器具等的仓库；办公、生活及文化福利建筑是指施工单位、建设单位（包括监理）及设计代表在工程建设期所需的办公室、宿舍、招待所和其他文化福利设施等房屋建筑工程。此部分不包括临时设施和其他临时工程项目内的电、水、风、通信系统，砂石料系统，混凝土拌和及浇筑系统，木材、钢筋、机修等辅助加工厂，混凝土预制构件厂，混凝土制冷、供热系统，施工排水等生产用房。

9.3.1.5 独立费用

独立费用由建设管理费、生产准备费、科研勘测设计试验费、建设及施工场地征用费和其他组成。详细计算参见项目8，计算时应注意以下两点：

(1) 对于新建工程，建设管理费中的建设单位开办费应根据建设单位开办费标准和建设单位定员来确定。对于改扩建与加固工程，原则上不计建设单位开办费。

(2) 改扩建与加固工程、堤防及疏浚工程原则上不计生产及管理单位提前进场费、生产职工培训费。若工程中含有新建大型泵站、船闸等建筑物，按建筑物的建安工作量参照枢纽工程费率适当计列。

9.3.2 分部概算表格

各分部概算表式样见表9.3～表9.6。

表 9.3　　建筑工程概算表

序　号	工程或费用名称	单　位	数　量	单价/元	合计/元

表 9.4　　设备及安装工程概算表

序　号	名称及规格	单　位	数　量	单价/元		合计/万元	
				设备费	安装费	设备费	安装费

表 9.5　　施工临时工程概算表

序　号	工程或费用名称	单　位	数　量	单价/元	合计/元

表 9.6　　独立费用概算表

序　号	工程名称	概算价格/万元		合计/万元
		数量	标准	

9.3.3　总概算编制

总概算按下列顺序进行编制：

(1) 基本预备费。根据规定的费率，按上述分部工程第一部分至第五部分（以下简称一至五部分）投资合计数（依据分年度投资表）的百分率计算。

(2) 价差预备费。按照合理建设工期、资金流量表的静态投资（含基本预备费）根据国家发布的物价指数按前述公式进行计算。

(3) 建设期融资利息。根据合理建设工期、资金流量表，根据融资利率及前述公式进行计算。

(4) 静态投资。

$$静态投资＝一至五部分投资＋基本预备费 \tag{9.7}$$

(5) 动态总投资。

$$动态总投资＝一至五部分投资＋基本预备费＋价差预备费＋建设期融资利息 \tag{9.8}$$

编制总概算表时，在第五部分独立费用之后，应按顺序列以下项目：①一至五部分投资合计；②基本预备费；③静态投资；④价差预备费；⑤建设期融资利息；⑥动态总投资。

(6) 工程投资总计。

1) 静态总投资。

$$静态总投资＝工程部分静态投资＋移民和环境部分静态投资 \tag{9.9}$$

2) 总投资。

$$总投资＝工程部分总投资＋移民和环境部分总投资 \tag{9.10}$$

9.3.4　概算表格

9.3.4.1　概算文件正件表格

概算文件正件表格见表9.7～表9.18。

表9.7　　　　总概算表　　　　单位：万元

序号	工程或费用名称	建安工程费	设备购置费	独立费用	预备费	合计	占一至五部分投资比例/%
	各部分投资						
	一至五部分投资合计						
	基本预备费						
	静态投资						
	价差预备费						
	建设期融资利息						
	总投资						

表9.8　　　　分年度投资表　　　　单位：万元

项　　目	合计	建设工期/年			
		1	2	3	4
一、建筑工程					
1. 建筑工程					
×××工程（一级项目）					
2. 施工临时工程					
×××工程（一级项目）					
二、安装工程					
1. 发电设备安装工程					
2. 变电设备安装工程					
3. 公用设备安装工程					
4. 金属结构设备安装工程					
三、设备工程					
1. 发电设备					
2. 变电设备					
3. 公用设备					
4. 金属结构设备					
四、独立费用					
1. 建设管理费					
2. 生产准备费					
3. 科研勘测设计试验费					
4. 建设及施工场地征用费					
5. 其他					
一至四部分合计					

表 9.9　　　资 金 流 量 表　　　单位：万元

项　目	合计	建设工期/年			
		1	2	3	4
一、建筑工程					
分年度资金流量					
×××工程（一级项目）					
……					
二、安装工程					
分年度资金流量					
三、设备工程					
分年度资金流量					
四、独立费用					
分年度资金流量					
一至四部分合计					
分年度资金流量					
基本预备费					
静态投资					
价差预备费					
建设期融资利息					
总投资					

表 9.10　　　建筑工程单价汇总表　　　单位：元

编号	工程名称	单位	单价	其　中							
				人工费	材料费	机械使用费	其他直接费	现场经费	间接费	企业利润	税金

表 9.11　　　安装工程单价汇总表　　　单位：元

编号	工程名称	单位	单价	其　中									
				人工费	材料费	机械使用费	计价装置性材料费	其他直接费	现场经费	间接费	企业利润	未计价装置性材料费	税金

表 9.12　　　主要材料预算价格汇总表　　　单位：元

序号	名称及规格	单位	预算价格	其　中			
				原价	运杂费	运输保险费	采购及保管费

表9.13 次要材料预算价格汇总表 单位：元

序号	名称及规格	单位	原价	运杂费	合计

表9.14 施工机械台时费汇总表 单位：元

序号	名称及规格	台时费	其中				
			折旧费	修理及替换设备费	安拆费	人工费	燃料动力费

表9.15 主要工程量汇总表

序号	项目	土石方明挖/m^3	石方洞挖/m^3	土石方填筑/m^3	混凝土/m^3	模板/m^2	钢筋/t	帷幕灌浆/m	固结灌浆/m

表9.16 主要材料用量汇总表

序号	项目	水泥/t	钢材/t	炸药/t	沥青/t	汽油/t	柴油/t

表9.17 工时数量汇总表

序号	项目	工时数量	备注

表9.18 建设及施工场地征用数量汇总表

序号	项目	占地面积/亩	备注

9.3.4.2 概算文件附件表格

概算文件附件表格见表9.19～表9.24。

表9.19 人工预算价格计算表

地区类别		定额人工等级	
序号	项目	计算式	单价/元
一	基本工资		
二	辅助工资		
1	地区津贴		
2	施工津贴		
3	夜餐津贴		

续表

地区类别		定额人工等级	
序号	项目	计算式	单价/元
4	节日加班津贴		
三	工资附加费		
1	职工福利费		
2	工会经费		
3	养老保险费		
4	医疗保险费		
5	工伤保险费		
6	职工失业保险基金		
7	住房公积金		
	人工工日单价/(元/工日)		
	人工工时单价/(元/工时)		

表 9.20　　主要材料运杂费计算表

交货地点		运输方式		装卸次数		毛重系数	
编号	运输费用项目	供货地点	运距/km	单位运价	单位	计算式	合价/元
1	运输费						
2	装车费						
3	卸车费						
4	杂费						
	合计						

表 9.21　　主要材料预算价格计算表

编　号	名称及规格	单　位	价格/元				
			原价	运杂费	运输保险费	采购及保管费	预算价格

表 9.22　　施工机械台时费计算表

费用类别	费用项目	单位	单价/元	名称 规格				
一类费用	折旧费							
	修理及替换设备费							
	安装拆卸费							
	小计							

续表

费用类别	费用项目	单位	单价/元	名称								
				规格								
					数量	合价/元	数量	合价/元	数量	合价/元	数量	合价/元
二类费用	人工											
	汽油											
	柴油											
	电											
	水											
	风											
	煤											
	小计											
合计												
定额编号												

表 9.23　　建筑工程单价分析表

定额编号		适用范围		定额单位	
定额依据			土的级别		密度
工作内容					
序号	名称及规格	单位	数量	单价/元	合价/元

表 9.24　　混凝土材料单价计算表

序号	混凝土强度等级	水泥强度等级	水灰比	级配	配合比				预算量												合计/元
									水泥		砂子		石子		粉煤灰		外加剂		水		
					水泥	砂子	石子	粉煤灰	数量/kg	单价/(元/kg)	数量/m^3	单价/(元/m^3)	数量/m^3	单价/(元/m^3)	数量/kg	单价/(元/kg)	数量/kg	单价/(元/kg)	数量/m^3	单价/(元/m^3)	

复习思考题

1. 水利水电工程设计概算的编制原则有哪些？
2. 设计概算的编制程序有哪几步？
3. 设计概算文件正件、附件的组成内容有哪些？
4. 水利水电工程概算编制时，一至五部分的分部概算如何编制？

项目10　水利水电工程造价软件

任务10.1　造 价 软 件 简 介

目前我国国内的水利水电工程概预算软件种类繁多。市场多见的有：北京凯云创智软件技术有限公司编制的“凯云水利水电工程概估算软件”；成都泽凯科技有限责任公司编制的“海川水利水电造价系统”；长沙智多星信息技术有限公司编制的“智多星水利水电概预算软件”；小超软件技术有限公司编制的“小超水利水电工程概预算软件”，广州建软软件技术有限公司编制的“全国水利水电工程造价软件”等。水利水电工程概预算软件不仅可用于水利、水电行业工程施工单位编制投标报价，也广泛用于建设单位、监理单位、工程造价咨询单位、教育机构、政府部门编制造价文件。

运用软件编制水利水电工程概预算文件快捷、灵活、准确，软件能自动设置单价费用系数，计算水利水电工程基础单价，如：人工预算单价；材料预算价格；电、水、风价格。可自动进行混凝土、砂浆配合比的砂石换算、增减材料，机械台班也可用内插法自定义机械、支持组班。利用计算机编制概预算表时，还可跨工程的复制粘贴、支持清单单机复制、共享，计算速度快，准确度高，大幅度提高工作效率。下面以“海川水利水电造价系统”为例，简单介绍水利水电概预算软件在实际工程中的运用。

任务10.2　水利水电工程造价软件使用实例

10.2.1　基础资料

某水电站位于××省××县境内的白龙江干流上，为一低坝径流引水式电站，设计引水流量75.0m^3/s，装机容量15000kW，属四等小（Ⅰ）型工程。发电厂房上距县城14km，下距两河口约3km。根据选定的装机容量15000kW（3×5000kW）电站最大引用流量75m^3/s及三个水文代表年的日平均流量进行计算，水电站的保证出力（$p=85\%$）和多年平均发电量分别为6939kW及10100万kW·h，装机年利用小时数为6733h。该水电站是××县实现电气化县的重要电源点，主要供电对象是铁合金厂（最大负荷6800kW，年用电量5000万kW·h），其富余电量上县电网。根据××县电力规划资料，2010年全县最大负荷26728kW，年需电量6514万kW·h。

建筑工程其他直接费费率按2.5%计算，现场经费费率、间接费费率、企业利润率、税率见本书各表取值计算。安装工程各费率见表10.1。

（1）该项目地区津贴25元/月，养老保险费率20%，住房公积金5%，其余费率根据本书要求记取。施工供电有两种供电方式：电网供电和自发电，发电量之比为97∶3，其中供电基本电价 0.40 元/(kW·h)；损耗率：高压线路取 5%，变配电设备及配电线路取 8%，供电设施维修摊销费 0.03 元/(kW·h)；自发电采用柴油发电机 160kW 两台，循环水冷却，单位循环冷却水费 0.05 元/(kW·h)，发电机出力系数 0.80，厂用电率 5%，变配电设备及配电线路损耗率 8%，供电设施维修摊销费 0.03 元/(kW·h)。计算施工用电价。

表 10.1　　设备安装单价分析资料表

设备名称	原价/万元	人工费调整系数	其他直接费率/%	现场经费费率/%	间接费率/%	利润率/%	税率/%
水轮机			4.7	45	50	7	3.22
发电机			4.7	45	50	7	3.22
母线			4.7	45	50	7	3.22
拦污栅栅体			4.7	45	50	7	3.22
卷扬式启闭机			4.7	45	50	7	3.22
油系统	10.00	1.50	4.7	45	50	7	3.22
水系统	12.00	1.50	4.7	45	50	7	3.22
发电电压设备	32.00	1.50	4.7	45	50	7	3.22
机修设备	7.60	1.50	4.7	45	50	7	3.22

(2) 供水采用 40kW 离心水泵两台，其能量利用系数 0.80，供水损耗率 8%，供水设施维修摊销费 0.03 元/m^3，计算施工用水价。

(3) 供风采用 3m^3/min 的空压机四台，采用循环水冷却，供风损耗率 10%，供风设施维修摊销费 0.003 元/m^3，能量利用系数 0.75，试计算施工用风价。

材料预算价格参见表 10.2 和表 10.3。

表 10.2　　主要材料预算价格计算资料

材料名称		原价	供货地点	运距/km	单位运价	毛重系数	装车费	卸车费	杂费
水泥	32.5 级	260 元/t	*A*	91	0.52	1.01	2.0	1.6	2.0
	42.5 级	280 元/t							
钢材	ϕ16～18 光面钢筋	2400 元/t	*B*	431	0.56	1.00	2.0	1.6	2.0
	ϕ25MnSi 钢筋	2600 元/t							
	型钢	2700 元/t							
	8～16mm 钢板	2800 元/t							
油料	汽油	4000 元/t	*C*	83	0.70	1.15	2.0	1.6	2.0
	柴油	3800 元/t							
炸药	2 号岩石铵梯炸药	3700 元/t	*B*	431	0.85	1.03	2.0	1.6	2.0
	4 号抗水岩石铵梯炸药	4000 元/t							

续表

材料名称	原价	供货地点	运距/km	单位运价	毛重系数	装车费	卸车费	杂费
块、条石	70元/m^3	D	4	0.52	1.00	1.6	1.2	0.0
混凝土骨料	50元/m^3	D	4	0.52	1.00	1.6	1.2	0.0
砂子	40元/m^3	D	4	0.52	1.00	1.6	1.2	0.0

注 各种材料的运输保险费率分别是：水泥6‰、钢材8‰、油料8‰、炸药12‰、混凝土骨料0、块石0、条石0、砂子0。

表10.3　　其他材料预算价格汇总表

编号	名称及规格	单位	预算价格
1	合金钻头	元/个	60.00
2	空心砖	元/kg	1.50
3	组合模板	元/kg	4.50
4	机砖	元/块	180.00
5	麦草	元/kg	0.35
6	铁丝	元/kg	6.50
7	煤焦油	元/kg	0.75
8	粉煤灰	元/kg	0.20
9	木柴	元/kg	0.76
10	塑料止水带	元/m	40.50
11	卡扣件	元/kg	4.50
12	预制混凝土柱	元/m^3	44.12
13	外加剂	元/kg	8.00
14	脱模剂	元/kg	8.00
15	橡胶圈	元/个	112.00
16	钢模架	元/个	5000.00
17	导爆线	元/m	0.23
18	冲击器	元/个	1800.00
19	电雷管	元/个	0.80
20	火雷管	元/个	0.45
21	导电线	元/m	0.15
22	混凝土预制构件	元/m^3	329.00
23	塑料布	元/m^3	2.00
24	电焊条	元/kg	7.50
25	预埋铁件	元/t	4500.00
26	铁钉	元/kg	6.00
27	滑模	元/kg	4.50

续表

编号	名称及规格	单位	预算价格
28	草土	元/m^3	15.00
29	铁件	元/kg	4.50
30	沥青	元/kg	0.63
31	预应力混凝土管	元/m	450.00
32	草袋	元/kg	0.50
33	潜孔钻	元/个	50.00
34	导火线	元/m	0.20

10.2.2 软件使用案例

1. 进入系统界面

单击开始菜单中的“海川水利水电造价系统”按钮或桌面上的“”按钮，即可进入系统界面（图 10.1）。

图 10.1 系统界面

2. 新建项目

在工具条中单击按钮，或者单击下拉菜单【文件｜新建】命令，或者输入“Ctrl＋N”快捷键。系统弹出新建项目对话框（图 10.2），在“箭头 1”处输入项目名称，在“箭头 2”处选择编制类型为概算，在定额体系选择框中选择需要的定额体系为“全国水利 2002”，以及对应的工程模板，如果想对工程加密，可在下面设置工程密码。最后单击【确定】按钮，系统开始新建项目。新建项目成功后，系统自动打开新建的项目如图 10.3 所示。

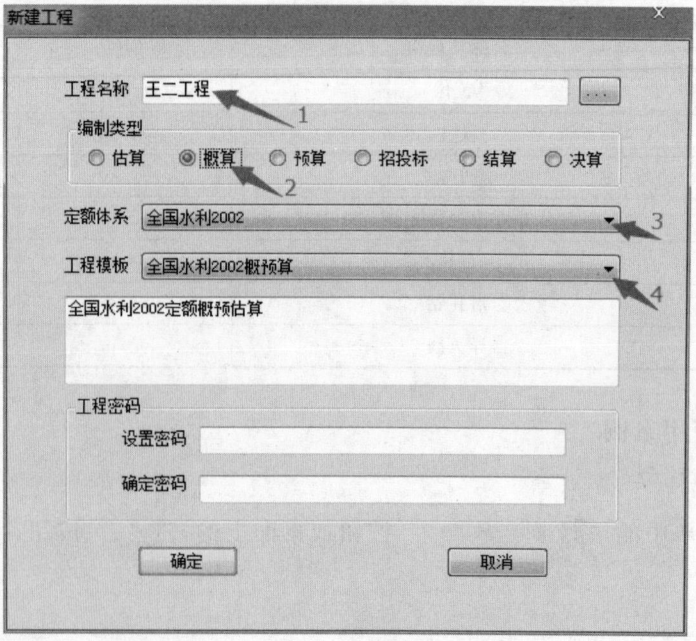

图 10.2 新建项目

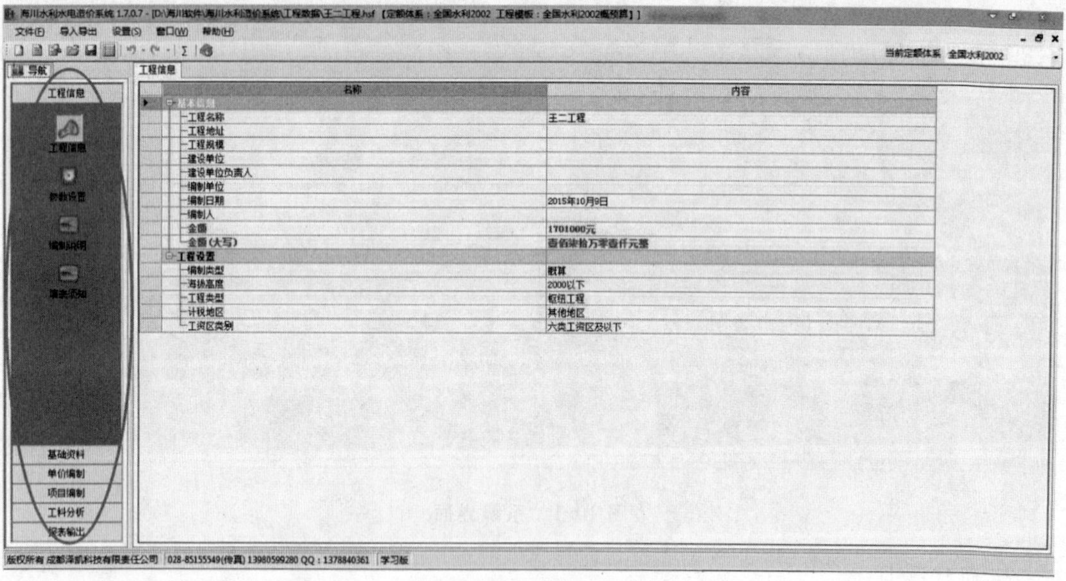

图 10.3 工程主界面

3. 打开项目

若概算一次未编辑完成，第二次打开时，可以在上一次的基础上继续编制。在工具条中单击按钮，或者单击下拉菜单【文件｜打开】命令，或者输入“Ctrl+O”快捷键。系统弹出新建项目对话框（图 10.4），单击自己之前保存的文件，再单击打开(O)按钮。打开项目成功后，系统自动打开新建的项目如图 10.3 所示。

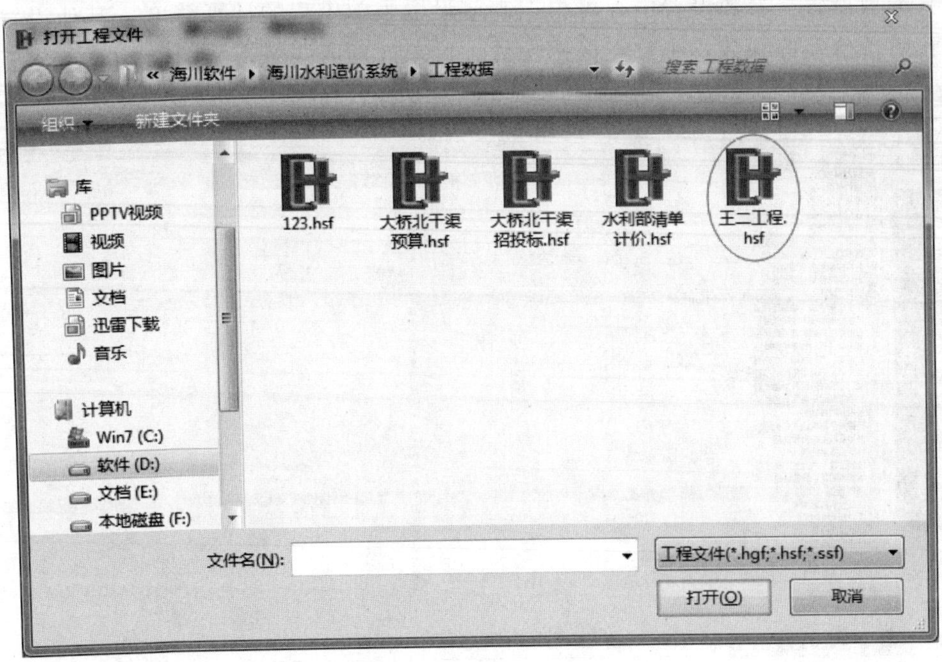

图 10.4　打开项目

4. 工程主界面

工程界面由菜单、工具条、工作面、及状态条四部分组成。其中工作面由左边的导航和右面的功能模板构成，在导航中切换不同的节点，右边会显示对应的界面，如图 10.3 所示。

5. 工程信息

工程信息由工程信息、参数设置、编制说明和填表须知四个节点构成。

(1) 工程信息。工程信息分为基本信息和工程设置。基本信息主要是工程的名称、地址、编制日期等，工程设置则是一些费用设置项，如海拔高度、工程类别、计税地区和工程区类别等。根据工程实际情况填写工程的基本信息和工程设置参数，软件通过对这些项的设置，系统会自动设置相应的费用系数，如图 10.5 所示。

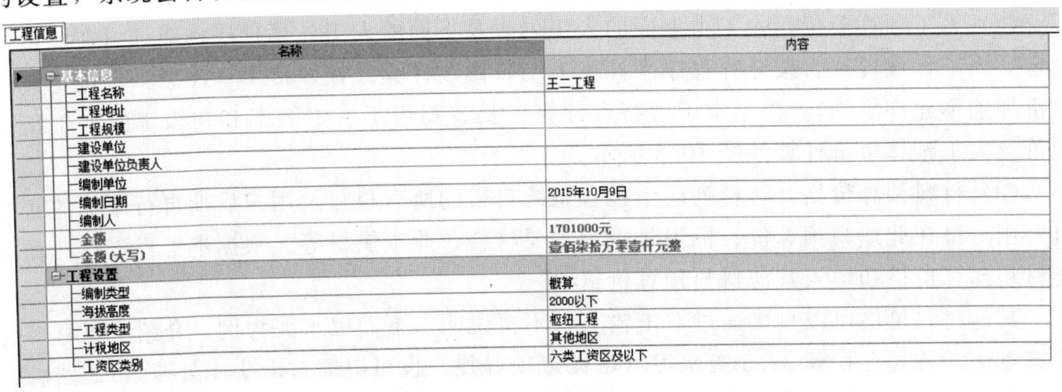

工程信息

名称	内容
基本信息	
工程名称	王二工程
工程地址	
工程规模	
建设单位	
建设单位负责人	
编制单位	
编制日期	2015年10月9日
编制人	
金额	1701000元
金额(大写)	壹佰柒拾万零壹仟元整
工程设置	
编制类型	概算
海拔高度	2000以下
工程类型	枢纽工程
计税地区	其他地区
工资区类别	六类工资区及以下

图 10.5　工程信息

（2）参数设置。参数设置中，可根据需要设置当前工程的计算精度、其他设置、项目设置和预算价价差等参数，小数点保留位数、价差处理方式等，如图10.6所示。

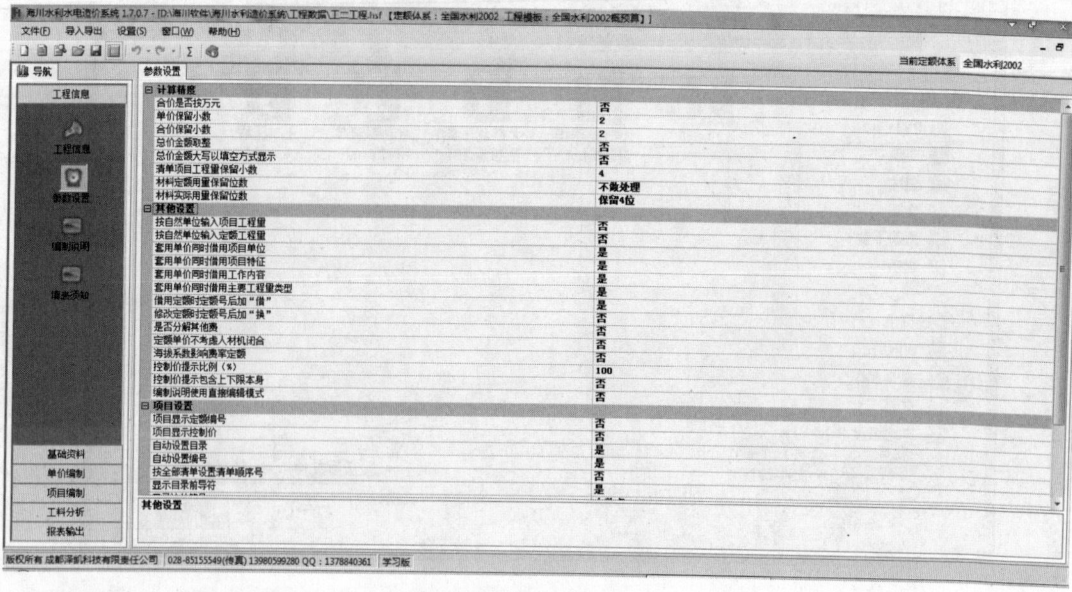

图10.6　参数设置

（3）编制说明和填表须知。根据工程概况、设计单位、编制内容、编制依据、工程量计算依据、取费标准、材料价格的取定依据、其他需要说明问题等编写概算编制说明和填表须知。

6. 基础资料

基础资料是由费用设置、基础单价资料组成，它是在用户套用项目之前必须要先完成的数据收集工作，是编制概算表格的基础数据。

（1）费用设置。费用设置（图10.7）由左上的参数设置、右上的单价类别以及下面的费用计算程序组成。参数设置可改变单价费用系数，在单价类别中用户可修改系数，复制单价类别条目（注意：系统定义的单价类别不允许删除）。下面的费用计算程序，根据本工程情况增减费用，修改公式、修改费率。

（2）人工预算单价。人工由上面的人工列表及下面的人工计算程序构成。可在此增加自定义人工，设置是否按计算程序来计算人工，修改计算公式、费率（注意：系统定义的单价类别不允许删除）。根据本工程特点计算工长、高级工、中级工和初级工的人工预算单价。人工预算单价计算如图10.8所示。

（3）材料预算价格。材料列表中包含系统自带的所有材料及用户后期自行添加的新材料。用户可在此填写预算价、标识是否为主要材料、业主供材等。根据本工程资料计算主要材料预算价格和填入其他材料预算价格。

其他材料价格可以直接通过双击输入，不再说明。下面以水泥为例，介绍主要材料的计算方法。首先在找到32.5级水泥（可以逐项寻找，也可以通过箭头1处搜索），然后右击选择“计算预算价—运输方式”（图10.9）进入材料计算界面（图10.10）。在材料费界

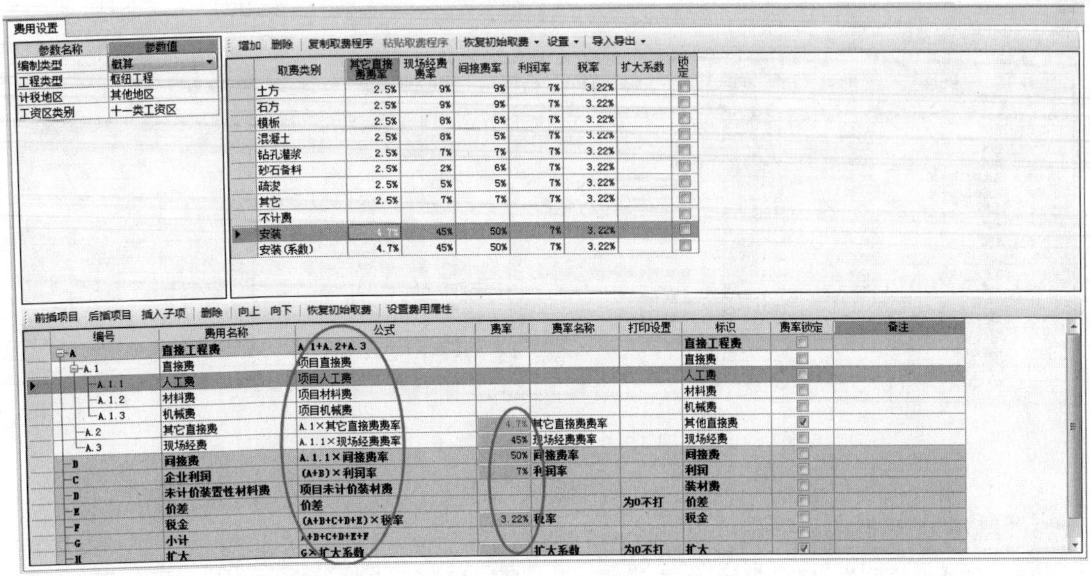

图 10.7　费用设置

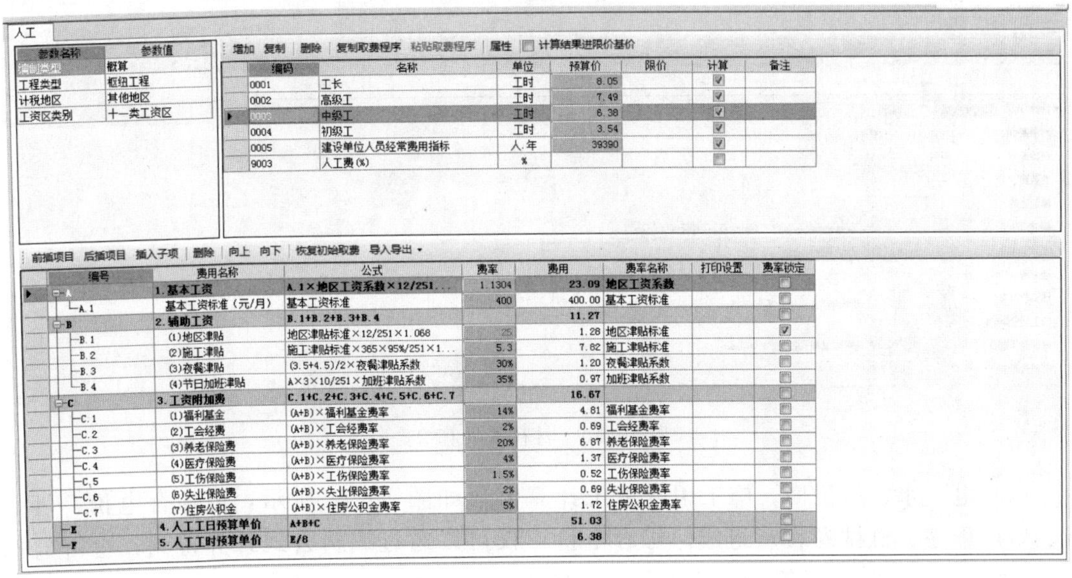

图 10.8　人工预算单价计算

面计算中根据材料计算方法，依次输入相应数据，即可得出材料的预算价格。材料包装费一般包括在材料原价中，记为 0 元。本工程所有主材均采用公路运输。在计算同类材料时，若运输条件相同，可点击“套用其他材料每吨运杂费”套用已计算出的其他材料的运杂费。

系统提供的材料库中找不到所需材料，编制者自行添加。新添材料的编号由系统根据已有材料自动生成，其余属性均由编制者自行填写。也可把材料预算价导入，可导入 Excel 格式的材料预算价，可从其他工程导入预算价。

图 10.9　材料费计算 1

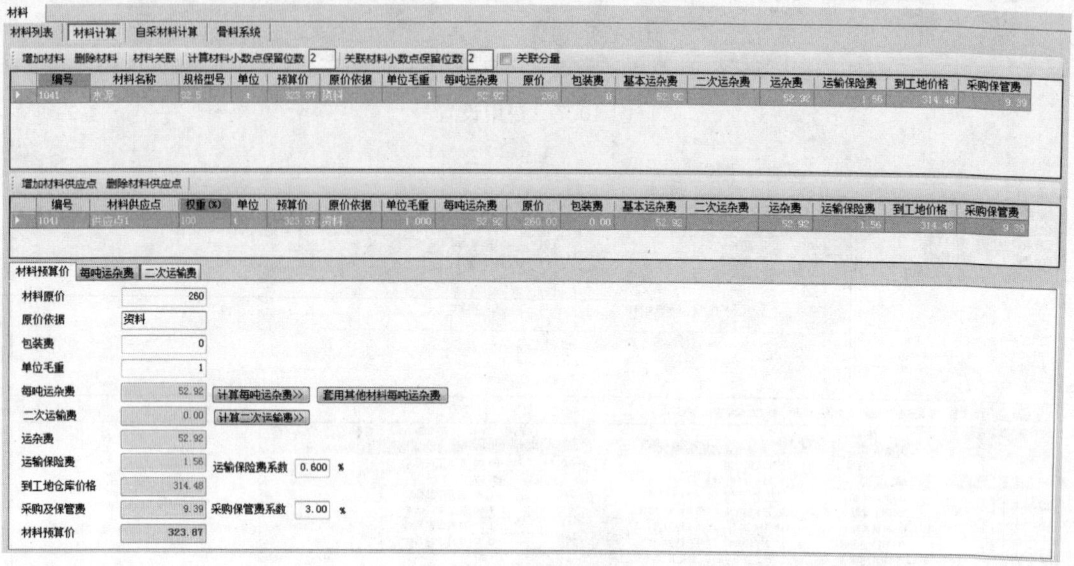

图 10.10　材料费计算 2

(4) 电、水、风价格。施工用电单价计算窗口如图 10.11 所示，由综合电价、供电点、费用程序、机械列表及组成。综合电价不仅可以通过编辑公式计算得到，也可勾选“直接填写”后直接在预算价中输入结果。发电分为电网供电和自发电，根据工程的具体情况填写二者的供电比例，自发电须在下面输入发电台班，软件自动计算出电价，如图 10.11 所示。

水和风价的计算与电价相同，如图 10.12 和图 10.13 所示。

(5) 混凝土材料、砂浆材料单价。从标准调入：在混凝土、砂浆标准库中选择，需要哪种混凝土或砂浆，双击后系统会将该种材料的相关数据套用到新增行中，包括下面“材料明细”窗口中的内容。此种情况下，用户还可修改套用得到的所有数据，包括名称、单价等，如图 10.14 所示。

图 10.11　电价计算

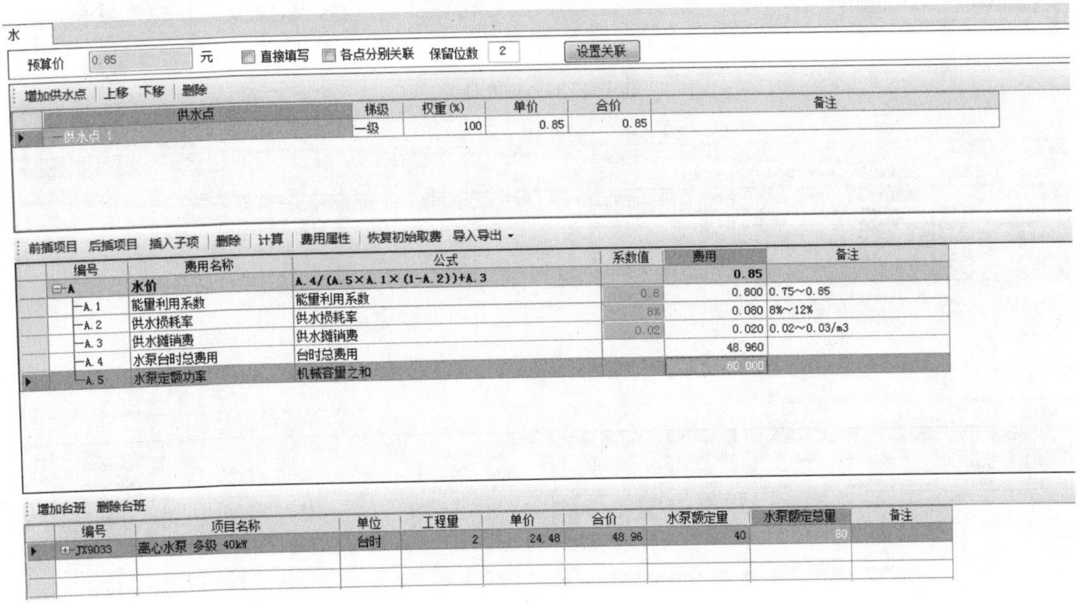

图 10.12　水价计算

7. 单价编制

根据工程所需项目在此界面编制分项单价，以备在后面的项目编制中调用或共享这些单价。软件编制概算书在单价编制的过程中，其快捷性显示的尤为突出。由于单价项目较多，下面以碎石土垫层为例，介绍单价编制的方法。其他单价编制以此方法根据软件提示编制。

首先按顺序输入目录序号，再输入项目名称，再选择单位 m^3，再选择取费类别为土方，再选择相应的定额子母双击带入单价。过程如图 10.15 所示。

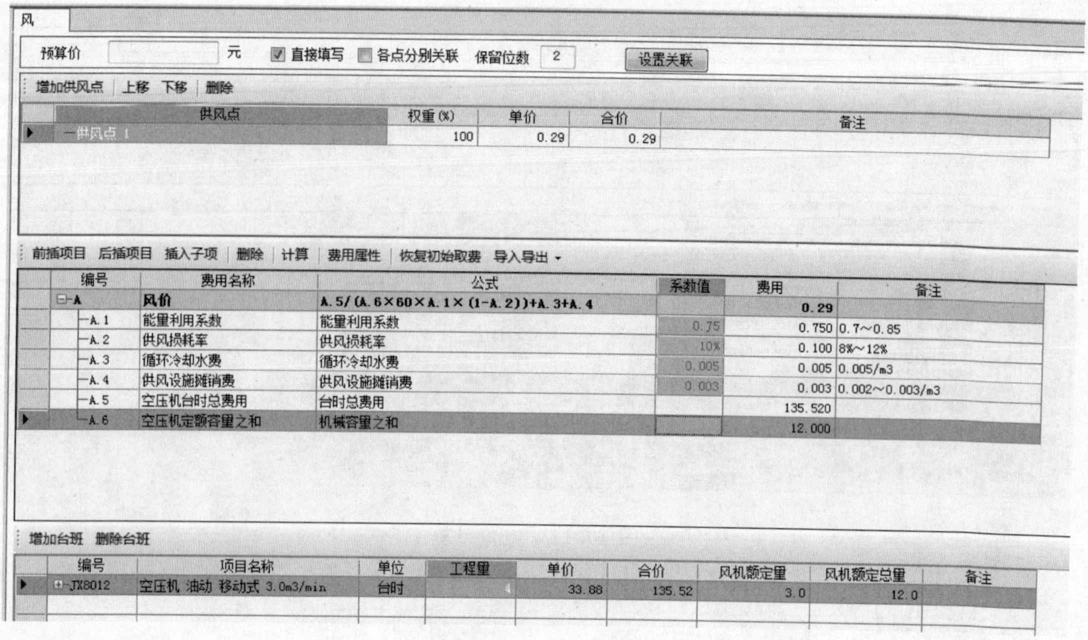

图10.13　风价计算

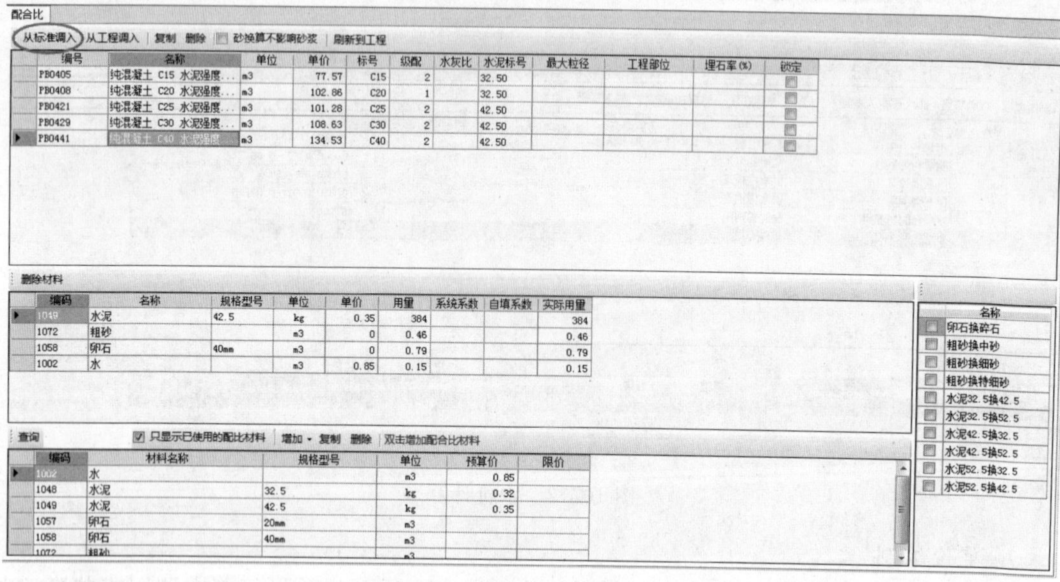

图10.14　混凝土材料价格计算

8. 项目编制

界面分为上下两部分，上面的项目列表和下面的项目组成。项目列表是处理项目的地方，可导入导出项目，也可手动录入项目，再输入对应项目工作量等；项目组成是组成项目单价的地方，如套定额、换算、修改工作内容，查看单价分析等。根据本工程的工程量依次录入项目，选择定额，套用单价，如图10.16所示。

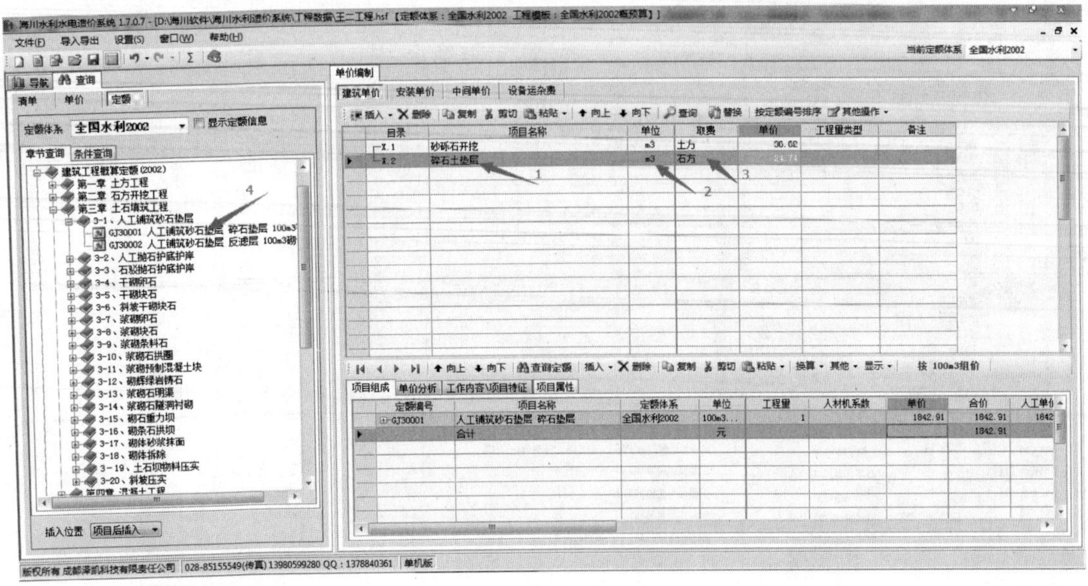

图 10.15　单价编制

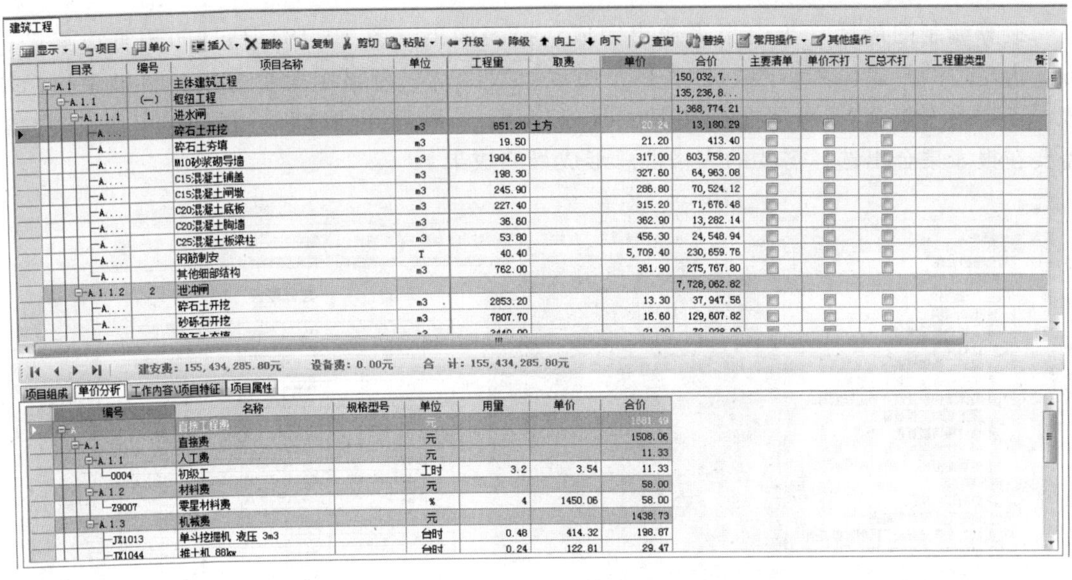

图 10.16　项目编制

工程一至五部分计算完成后，在工程部分投资中根据资料设置各分部分项工程的各年度投资比率、总工期、计息月数、基本预备费费率、预付款比率、物价指数、贷款利率等参数，软件自动生成资金流量表、价差预备费表、建设期融资利息、总概算年度分析表和总概算表。其中资金流量表如图 10.17 所示。

完成前工程信息、基础资料、单价编制、项目编制后，工程工料分析表自动生成。在软件自动生成的工料分析表中，可根据工程特点自行增加需要调节的材料。

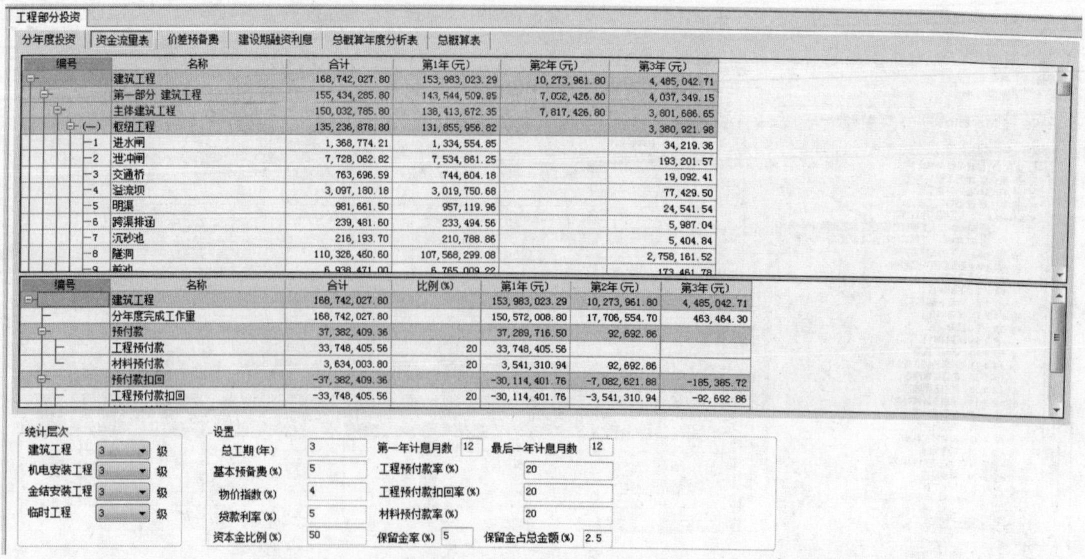

图 10.17　资金流量表

9. 报表生成、导出成果

概算编制的最后一步由报表输出完成。报表输出（图 10.18）是打印预算成果的地方，由左边的报表树和右边的报表显示组成。双击报表可显示单个表报。要批量显示报表，点“报表集合”。可把报表保存为 excel、pdf、xps 等电子文件。根据工程特点和编制需要在报表集合出选择需要的表格汇总形成最终成果。

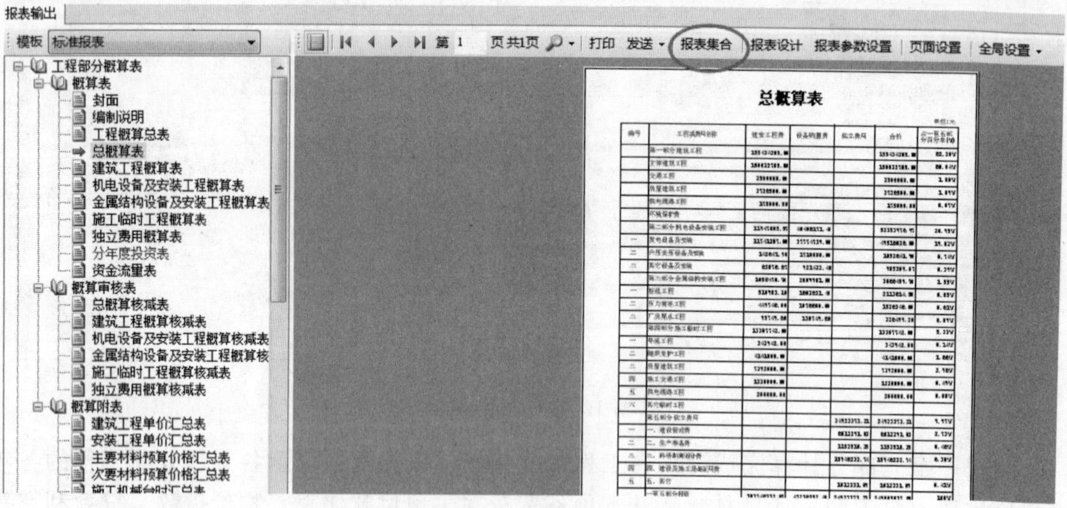

图 10.18　报表输出

附　录

一、概算定额

附表 1　　——36　1m³ 挖掘机挖土自卸汽车运输

适用范围：露天作业。

工作内容：挖装、运输、卸除、空回。

(1) Ⅰ～Ⅱ类土　　单位：$100m^3$

项　目	单　位	运距/km					增运1km
		1	2	3	4	5	
工长	工时						
高级工	工时						
中级工	工时						
初级工	工时	6.3	6.3	6.3	6.3	6.3	
合计	工时	6.3	6.3	6.3	6.3	6.3	
零星材料费	%	4	4	4	4	4	
挖掘机　液压 $1m^3$	台时	0.95	0.95	0.95	0.95	0.95	
推土机　59kW	台时	0.47	0.47	0.47	0.47	0.47	
自卸汽车　5t	台时	9.31	12.18	14.83	17.33	19.73	2.21
8t	台时	6.15	7.95	9.61	11.17	12.67	1.38
10t	台时	5.13	7.25	8.65	9.98	11.25	1.16
编号		10616	10617	10618	10619	10620	10621

附表 2　　——50　1m³ 液压反铲挖掘机挖渠道土方自卸汽车运输

适用范围：上口宽小于 16m 的土渠。

工作内容：机械开挖、装汽车运输、人工配合挖保护层、胶轮车倒运土 50m、修边、修底等。

(2) Ⅲ类土　　单位：$100m^3$

项　目	单　位	运距/km					增运1km
		1	2	3	4	5	
工长	工时						
高级工	工时						
中级工	工时						
初级工	工时	41.8	41.8	41.8	41.8	41.8	
合计	工时	41.8	41.8	41.8	41.8	41.8	

续表

项　目	单　位	运距/km					增运1km
		1	2	3	4	5	
零星材料费	%	3	3	3	3	3	
挖掘机液压　$1m^3$	台时	1.06	1.06	1.06	1.06	1.06	
推土机　59kW	台时	0.53	0.53	0.53	0.53	0.53	
自卸汽车 5t	台时	10.43	13.65	16.62	19.43	22.11	247
8t	台时	6.9	8.91	10.77	12.52	12.67	1.55
10t	台时	6.42	8.13	9.70	11.18	11.25	1.30
胶轮车	台时	9.93	9.93	9.93	9.93	9.93	
编号		10874	10875	10876	10877	10878	10879

附表 3　　**二-11　基础石方开挖——风钻钻孔**

（2）开挖深度 3m　　单位：$100m^3$

项　目	单　位	岩　石　级　别			
		Ⅴ～Ⅷ	Ⅸ～Ⅹ	Ⅺ～Ⅻ	ⅩⅢ～ⅩⅣ
工长	工时	4.3	5.3	6.8	8.4
高级工	工时				
中级工	工时	39.9	58.3	80.6	115.8
初级工	工时	168.6	204.9	244.6	300.8
合计	工时	212.8	268.5	332.0	425.0
合金钻头	个	2.29	3.78	5.46	7.71
炸药	kg	40	51	61	70
火雷管	个	186	233	269	305
导火线	m	285	360	416	472
其他材料费	%	8	8	8	8
风钻手持式	台时	9.51	16.3	25.94	42.59
其他机械费	%	10	10	10	10
石渣运输	m^3	107	107	107	107
编号		20133	20134	20135	20136

附表 4　　**二-34　$1m^3$ 挖掘机装石渣汽车运输**

工作内容：挖装、运输、卸除、空回。

（1）露天　　单位：$100m^3$

项　目	单　位	运距/km					增运1km
		1	2	3	4	5	
工长	工时						
高级工	工时						
中级工	工时						
初级工	工时	18.7	18.7	18.7	18.7	18.7	
合计	工时	18.7	18.7	18.7	18.7	18.7	

续表

项 目	单 位	运距/km					增运1km
		1	2	3	4	5	
零星材料费	%	2	2	2	2	2	
挖掘机 $1m^3$	台时	2.82	2.82	2.82	2.82	2.82	
推土机 88kW	台时	1.41	1.41	1.41	1.41	1.41	
自卸汽车 5t	台时	16.50	21.24	25.61	29.72	33.65	3.64
8t	台时	11.20	14.15	16.87	19.43	21.88	2.27
编号		20457	20458	20459	20460	20461	20462

附表 5 **三-8 浆砌块石**

工作内容：选石、修石、冲洗、拌制砂浆、砌筑、勾缝。

单位：$100m^3$ 砌体方

项 目	单 位	护 坡		护底	基础	挡土墙	桥墩闸墩
		平面	曲面				
工长	工时	17.3	19.8	15.4	13.7	16.7	18.2
高级工	工时						
中级工	工时	356.5	436.2	292.6	243.3	339.4	387.8
初级工	工时	490.1	531.2	457.2	427.4	478.5	504.7
合计	工时	863.9	987.2	765.2	684.4	834.6	910.7
块石	m^3	108	108	108	108	108	108
砂浆	m^3	35.3	35.3	35.3	34.0	34.4	34.8
其他材料费	%	0.5	0.5	0.5	0.5	0.5	0.5
砂浆搅拌 $0.4m^3$	台时	6.54	6.54	6.54	6.30	6.38	6.45
胶轮车	台时	163.44	163.44	163.44	160.19	161.18	162.18
编号		30029	30030	30031	30032	30033	30034

附表 6 **三-19 土石坝物料压实**

工作内容：推平、刨毛、碾压、削坡、洒水、补夯边及坝面各种辅助工作。

(1) 自料场直接运输上坝

① 土料

单位：$100m^3$ 实方

项 目	单位	拖拉机压实		羊足碾压实	
		干密度/(kN/m^3)			
		≤16.67	>16.67	≤16.67	>16.67
工长	工时				
高级工	工时				
中级工	工时				
初级工	工时	21.8	25.1	26.8	29.4
合计	工时	21.8	25.1	26.8	29.4

续表

项　目	单位	拖拉机压实		羊足碾压实	
		干密度/(kN/m³)			
		≤16.67	>16.67	≤16.67	>16.67
零星材料费	%	10	10	10	10
羊足碾　5～7t					
拖拉机　59kW	组时			1.81	2.33
8～12t					
74kW	组时			1.30	1.68
拖拉机　74kW	台时	2.06	2.65		
推土机　74kW	台时	0.55	0.55	0.55	0.55
蛙式打夯机 2.8kW	台时	1.09	1.09	1.09	1.09
刨毛机	台时	0.55	0.55	0.55	0.55
其他机械费	%	1	1	1	1
土料运输（自然方）	m³	126	126	126	126
编号		30075	30076	30077	30078

附表 7　　　　四-4　泵站

适用范围：抽水站、扬水站等各式泵站。

单位：100m³

项　目	单　位	下　部	中　部	上　部
工长	工时	14.8	19.4	22.9
高级工	工时	29.5	54.4	76.3
中级工	工时	280.3	370.1	442.3
初级工	工时	167.3	198.7	221.2
合计	工时	491.9	642.6	762.7
混凝土	m³	108	108	108
水	m³	75	75	75
其他材料费	%	4	4	4
振动器　1.1kW	台时	25.36	42.86	58.06
风水枪	台时	8.82	4.41	2.12
其他机械费	%	20	20	20
混凝土拌制	m³	108	108	104
混凝土运输	m³	108	108	104
编号		40015	40016	40017

附表 8　　**四-11　渠道**

适用范围：引水、泄水、灌溉渠道及隧洞进出口明挖段的边坡、底板，土基上的槽形整体。

（1）明渠　　单位：100m³

项　目	单　位	衬砌厚度/cm		
		15	25	35
工长	工时	34.1	23.6	18.0
高级工	工时	56.9	39.4	30.0
中级工	工时	454.8	315.2	240.1
初级工	工时	591.2	409.7	312.2
合计	工时	1137.0	787.9	600.3
混凝土	m³	137	124	117
水	m³	244	220	163
其他材料费	%	1	1	1
振动器 1.1kW	台时	61.45	55.44	42.61
风水枪	台时	61.45	36.94	26.33
其他机械费	%	11	11	11
混凝土拌制	m³	137	124	117
混凝土运输	m³	137	124	117
编号		40060	40061	40062

注　土基上的槽形整体或明渠，风水抢台时均改为 2.00，用水量乘以系数 0.7。

附表 9　　**四-19　渡槽槽身预制及安装**

适用范围：各型混凝土渡槽。

单位：100m³

项　目	单　位	U　形	矩形肋板式
工长	工时	262.1	93.8
高级工	工时	1239.8	693.0
中级工	工时	3718.6	1615.6
初级工	工时	1749.5	361.4
合计	工时	6970.0	2763.8
锯材	m³	2.4	4.6
组合钢模板	kg	376	25
型钢	kg	764	
卡扣件	kg	154.45	12.46
铁件	kg	603	70

续表

项　目		单　位	U 形	矩形肋板式
电焊条		kg	29.46	28.2
环氧砂浆		m^3	0.1	0.1
膨胀混凝土		m^3	6.59	6.59
混凝土		m^3	104	104
水		m^3	184	184
其他材料费		%	3	3
振动器	1.1kW	台时	46.2	46.2
搅拌机	$0.4m^3$	台时	19.28	19.28
胶轮车		台时	97.44	97.44
载重汽车	5t	台时	3.82	0.63
电焊机	25kVA	台时	34.65	33.18
平板振动器	2.2kW	台时		27.78
卷扬机	3t	台时	51.45	51.45
起重机	40t	台时	33.6	33.6
其他机械费		%	10	10
预制件运输		m^3	100	100
混凝土运输		m^3	7	7
编号			40101	40102

附表 10　　　　四-35　搅拌机拌制混凝土

适用范围：各种级配常态混凝土。

单位：$100m^3$

项　目	单　位	搅拌机出料/m^3	
		0.4	0.8
工长	工时		
高级工	工时		
中级工	工时	126.2	93.8
初级工	工时	167.2	124.4
合计	工时	293.4	218.2
零星材料费	%	2	2
搅拌机	台时	18.9	9.07
胶轮车	台时	87.15	87.15
编号		40171	40172

附表 11

四-38　胶轮车运混凝土

适用范围：人工给料。

单位：100m³

项　目	单　位	运距/m					增运50m
		50	100	200	300	400	
工长	工时						
高级工	工时						
中级工	工时						
初级工	工时	76.6	102.6	160.7	218.9	277.0	29.1
合计	工时	76.6	102.6	160.7	218.9	277.0	29.1
零星材料费	%	6	6	6	6	6	6
胶轮车	台时	58.8	78.75	123.38	168.0	212.63	22.31
编号		40180	40181	40182	40183	40184	40185

注　洞内运输，人工、胶轮车定额乘以系数 1.15。

附表 12

四-49　塔式起重机吊运混凝土

适用范围：内燃机车或汽车运混凝土吊罐给料。

单位：100m³

项　目	单位	混凝土吊罐 3m³			混凝土吊罐 6m³		
		吊高/m					
		≤10	10～30	>30	≤10	10～30	>30
工长	工时						
高级工	工时	2.7	3.4	4.0	2.5	3.0	3.6
中级工	工时	8.2	10.3	11.9	7.4	9.0	10.7
初级工	工时	2.7	3.4	4.0	2.5	9.0	3.6
合计	工时	13.6	17.1	19.9	12.4	15.0	17.9
零星材料费	%	6	6	6	6	6	6
塔式起重机　25t	台时	2.26	2.94	3.41			
塔式起重机　1800/60 型	台时				1.31	1.73	2.0
混凝土吊罐	台时	2.26	2.94	3.41	1.31	1.73	2.0
编　号		40241	40242	40243	40244	40245	40246

附表 13　　四-55　手扶拖拉机运混凝土预制板

适用范围：人工装车。

单位：$100m^3$

项　目	单　位	运距/m				增运 50m
		50	100	200	300	
工长	工时					
高级工	工时					
中级工	工时					
初级工	工时	181.9	181.9	181.9	181.9	
合计	工时	181.9	181.9	181.9	181.9	
零星材料费	%	3	3	3	3	
手扶拖拉机 11kW	台时	55.56	57.37	61.0	64.39	1.32
编号		40262	40263	40264	40265	40266

附表 14　　五-6　渡槽槽身模板

适用范围：各型渡槽槽身。

工作内容：模板及钢支架安装、拆除、除灰、刷脱模剂、维修、倒仓。

单位：$100m^2$

项　目	单　位	矩形渡槽	箱形渡槽	U形渡槽
工长	工时	15.9	16.1	29.0
高级工	工时	77.1	85.5	93.5
中级工	工时	169.6	181.9	216.2
初级工	工时	2.7	2.7	27.2
合计	工时	265.3	286.2	365.9
模板	m^2	100	100	100
铁件	kg	63	51	43
预制混凝土柱	m^3	0.1	0.1	
电焊条	kg	1.1	0.9	0.7
其他材料费	%	2	2	2
汽车起重机　5t	台时	10.05	11.72	13.4
电焊机　25kVA	台时	2.06	2.06	2.06
其他机械费	%	5	5	5
编号		50023	50024	50025

附表 15　　**五-17　渡槽槽身模板制作**

适用范围：各型渡槽槽身。

工作内容：木模板及钢支架制作、铁件制作、模板运输。

单位：100m²

项　目	单　位	矩形渡槽	箱形渡槽	U形渡槽
工长	工时	1.5	1.4	2.7
高级工	工时	6.8	6.3	9.8
中级工	工时	12.5	10.0	19.0
初级工	工时	2.0	1.8	4.3
合计	工时	22.8	19.5	35.8
锯材	m^3	0.3	0.3	0.4
组合钢模板	kg	76	76	75
型钢	kg	71	71	127
卡扣件	kg	40	40	28
铁件	kg	8	3	63
电焊条	kg	0.6	0.6	1.7
其他材料费	%	2	2	2
圆盘锯	台时	0.39	0.43	0.55
双面刨床	台时	0.41	0.45	0.53
型钢剪断机　13kW	台时	0.15	0.15	0.25
钢筋切断机　20kW	台时	0.04	0.04	0.03
钢筋弯曲机　$\phi6\sim\phi40$	台时		0.08	0.07
载重汽车　5t	台时	0.24	0.23	0.24
电焊机　25kVA	台时	1.17	1.16	2.09
其他机械费	%	5	5	5
编号		50083	50084	50085

附表 16　　**七-1　钻机钻岩石层帷幕灌浆孔**

(2) 自上而下灌浆法

适用范围：露天作业。

工作内容：钻孔、清孔、钻灌交替、扫孔、孔位转移、检查孔钻孔。　　单位：100m³

项　目	单　位	岩石级别			
		Ⅴ～Ⅷ	Ⅸ～Ⅹ	Ⅺ～Ⅻ	ⅩⅢ～ⅩⅣ
工长	工时	24	30	40	60
高级工	工时	48	60	81	121
中级工	工时	167	213	281	422
初级工	工时	240	305	402	604
合计	工时	479	608	804	1207

续表

项　目	单　位	岩石级别			
		Ⅴ～Ⅷ	Ⅸ～Ⅹ	Ⅺ～Ⅻ	ⅩⅢ～ⅩⅣ
合金钻头	个	9.5			
合金片	kg	0.7			
合金钢钻头	个		4.3	4.9	6.0
扩孔器	个		3.0	3.5	4.2
岩芯管	m	3.8	4.5	6.2	7.5
钻杆	m	3.5	4.0	5.4	6.5
钻杆接头	个	3.7	4.4	6.0	7.2
水	m^3	750	860	1025	1300
其他材料费	%	16	15	13	11
地质钻机 150 型	台时	137	174	230	345
其他机械费	%	5	5	5	5
编号		70005	70006	70007	70008

附表 17

七-4　坝基岩石帷幕灌浆

（2）自上而下灌浆法

适用范围：露天作业、一排帷幕、自上而下分段灌浆。

工作内容：洗孔、压水、制浆、灌浆、封孔、孔位转移，以及检查孔的压水试验、灌浆。

单位：100m

项目	单位	透水率/Lu							
		<2	2～4	4～6	6～8	8～10	10～20	20～50	50～100
工长	工时	45	45	46	56	67	78	90	105
高级工	工时	102	103	104	119	137	154	173	197
中级工	工时	407	411	418	475	540	604	677	766
初级工	工时	436	444	456	564	688	811	948	1117
合计	工时	990	1024	1024	1214	1432	1647	1888	2185
水泥	t	2.9	3.9	4.9	6.9	8.9	10.4	12.4	15.4
水	m^3	619	639	659	679	699	789	1.79	1559
其他材料费	%	15	15	14	14	13	13	12	12
灌浆泵									
中压泥浆	台时	190.5	192.9	196.5	231	270.7	309.9	353.7	407.6
灰浆搅拌机	台时	166.4	168.8	172.4	206.9	246.6	285.8	329.6	383.5
地质钻机									
150 型	台时	26.8	26.8	26.8	26.8	26.8	26.8	26.8	26.8
胶轮车	台时	15.0	19.8	25.2	35.4	36.2	53.4	64.2	79.2
其他机械费	%	5	5	5	5	5	5	5	5
编号		70037	70038	70039	70040	70041	70042	70043	70044

附表 18

八-1 绞吸式挖泥船

(7) 400m³/h 绞吸式挖泥船

单位：10000m³

项 目	单位	Ⅲ类土					
		排泥管线长度/km					
		≤0.5	0.7	0.9	1.1	1.3	1.5
工长	工时						
高级工	工时						
中级工	工时	20.0	21.6	23.8	27.4	32.2	38.0
初级工	工时	30.0	32.4	35.7	41.1	48.3	57.0
合计	工时	50.0	54.0	59.5	68.5	80.5	95.0
挖泥船 400m³/h	艘时	21.27	22.97	25.32	29.14	34.25	40.41
浮筒管 φ560×7500mm	组时	567	613	675	777	913	1078
岸管 φ560×6000mm	根时	1063	1914	2954	4371	6279	8756
拖艇 294kW	艘时	5.32	5.75	6.33	7.28	8.56	10.11
锚艇 118kW	艘时	6.38	6.89	7.60	8.74	10.28	12.13
机艇 88kW	艘时	7.02	7.58	8.35	9.62	11.30	13.34
其他机械费	%	4	4	4	4	4	4
编号		80353	80354	80355	80356	80357	80358

注 1. 基本排高 6m，每增（减）1m，定额乘（除）以 1.015；

2. 最大挖深 10m；基本挖深 6m，每增 1m，定额乘以 1.03。

附表 19

九-3 石笼

工作内容：编笼（竹笼包括劈削竹篾）、安放、运石、装填、封口等。

单位：100m³ 成品方

项 目	单 位	钢筋笼	铅丝笼	竹笼
工长	工时	27	24	21
高级工	工时			
中级工	工时	244	210	330
初级工	工时	271	235	319
合计	工时	542	469	670
铅丝 8 号	kg		397	
钢筋 φ8～12mm	t	1.7		
竹子	t			2.5
块石	m³	113	113	113
其他材料费	%	3	1	1
电焊机 25kVA	台时	17.5		
切筋机 20kW	台时	0.6		
载重汽车 5t	台时	1.2		
其他机械费	%	10		
定额编号		90008	90009	90010

二、预算定额

附表 20　　　　　　　　**一-48　拖拉机压实**

适用范围：堤防土料、履带拖拉机压实。

工作内容：推平、刨毛、压实、削坡、洒水、补边夯、辅助工作。　　　　单位：100m³ 实方

项　目	单位	土料 干密度/(kN/m³)		项　目	单位	土料 干密度/(kN/m³)	
		≤16.67	>16.67			≤16.67	>16.67
工长	工时			拖拉机　74kW	台时	1.89	2.43
高级工	工时			推土机　74kW	台时	0.50	0.50
中级工	工时			蛙式打夯机　2.8kW	台时	1.00	1.00
初级工	工时	20.00	23.00	刨毛机	台时	0.50	0.50
合计	工时	20.00	23.00	其他机械费	%	1	1
零星材料费	%	10	10	定额编号		10473	10474

附表 21　　　　　　　　**三-6　浆砌块石**

工作内容：选石、修石、冲洗、拌制砂浆、砌筑、勾缝。　　　　单位：100m³

项　目	单　位	护坡		护底	基础	挡土墙	桥墩闸墩
		平面	曲面				
工长	工时	16.8	19.2	14.9	13.3	16.7	17.7
高级工	工时						
中级工	工时	346.1	423.5	284.1	236.2	329.5	376.5
初级工	工时	475.8	515.7	443.9	415.0	464.6	490.0
合计	工时	838.7	958.4	742.9	664.5	810.3	884.2
块石	m³	108	108	108	108	108	108
砂浆	m³	35.3	35.3	35.3	34.0	34.4	34.8
其他材料费	%	0.5	0.5	0.5	0.5	0.5	0.5
砂浆搅拌 0.4m³	台时	6.35	6.35	6.35	6.12	6.19	6.26
胶轮车	台时	158.68	158.68	158.68	155.52	156.49	157.46
编号		30017	30018	30019	30020	30021	30022

三、设备安装概算定额

附表 22　　　　　　　　**六-4　直流系统**

定额编号	项　目		单位	安装费/%				装置性材料费/%
				合计	人工费	材料费	机械使用费	
06006	容量/(A·h)	≤600	项	9.5	2.1	6.9	0.5	4.3
06007		≤1800	项	7.7	1.2	6.2	0.3	4.1
06008		>2000	项	5.1	0.7	4.2	0.2	3.8

附表 23

九-1　桥式起重机

单位：台

项　目	单位	起重能力/t				
		250	300	350	400	450
工长	工时	434	511	584	654	724
高级工	工时	2231	2612	2981	3328	3680
中级工	工时	3851	4537	5202	5826	6459
初级工	工时	2109	2490	2859	3206	3558
合计	工时	8625	10150	11626	13014	14421
钢板	kg	465	547	628	710	792
型钢	kg	745	875	1006	1136	1267
垫铁	kg	233	273	314	355	396
电焊条	kg	61	72	83	94	104
氧气	m^3	61	72	83	94	104
乙炔气	m^3	27	31	36	40	44
汽油	kg	43	50	58	65	72
柴油	kg	93	109	125	142	158
油漆	kg	52	61	70	80	89
棉纱布	kg	74	88	101	113	126
木材	m^3	1.8	2.1	2.3	2.6	2.7
其他材料费	%	30	30	30	30	30
汽车起重机 20t	台时	43	51			
汽车起重机 30t	台时			59	65	81
门式起重机 10t	台时	89	105	121	135	151
卷扬机 5t	台时	293	349	400	447	498
电焊机 20～30kV·A	台时	89	105	121	135	151
空气压缩机 $9m^3/min$	台时	89	105	121	135	151
载重汽车 5t	台时	59	70	81	90	101
其他机械费	%	18	18	18	18	18
定额编号		09011	09012	09013	09014	09015

附表 24

九-6　轨道

单位：双 10m

项　目	单位	轨　型			
		QU100	QU120	QU140	QU160
工长	工时	18	22	24	34
高级工	工时	74	87	96	134
中级工	工时	184	217	240	335
初级工	工时	92	108	120	168
合计	工时	368	434	480	671
钢板	kg	48.6	56.4	62.3	84.4
型钢	kg	41.7	48.3	53.4	72.3
电焊条	kg	8.3	9.7	10.7	14.5

续表

项 目	单位	轨型			
		QU100	QU120	QU140	QU160
乙炔气	m^3	5.4	6.3	6.9	9.4
其他材料费	%	10	10	10	10
汽车起重机 8t	台时	3.1	3.3	3.5	4.6
电焊机 20～30KV·A	台时	13.3	14.2	15.2	19.7
其他机械费	%	5	5	5	5
定额编号		09094	09095	09096	09097

附表 25 **九-7 滑触线** 单位：三相 10m

项 目	单位	起重机自重/t			
		≤100	≤400	≤600	>600
工长	工时	4	5	6	7
高级工	工时	16	21	26	29
中级工	工时	41	53	65	73
初级工	工时	21	26	32	36
合计	工时	82	105	129	145
型钢	kg	30.6	33.4	39.9	42.3
电焊条	kg	5.1	5.6	6.6	7.1
氧气	m^3	5.1	5.6	6.6	7.1
乙炔气	m^3	2.3	2.5	2.9	3.1
棉纱头	kg	1.5	1.6	1.9	2.1
其他材料费	%	15	15	15	15
电焊机 20～30kV·A	台时	5.0	7.1	8.4	9.8
摇臂钻床 $\phi 50$	台时	3.2	4.4	5.3	6.1
其他机械费	%	5	5	5	5
定额编号		09098	09099	09100	09101

附表 26 **水泥砂浆材料配合表**

（1）砌筑砂浆 定额单位：m^3

砂浆类别	砂浆强度等级	水泥/kg	砂	水
		32.5 级	$/m^3$	$/m^3$
水泥砂浆	M5	211	1.13	0.127
	M7.5	261	1.11	0.157
	M10	305	1.10	0.183
	M12.5	352	1.08	0.211
	M15	405	1.07	0.243
	M20	457	1.06	0.274
	M25	522	1.05	0.313
	M30	606	0.99	0.364
	M40	740	0.97	0.444

四、施工机械台时费定额

附表 27　　**运　输　机　械**

项　目		单位	自卸汽车 载重量/t 10	12	15	18	20
（一）	折旧费	元	30.49	34.13	42.67	48.00	50.53
	修理及替换设备费	元	18.30	23.89	29.87	31.20	32.84
	安装拆卸费	元					
	小计	元	48.79	58.02	72.54	79.20	83.37
（二）	人工	工时	1.3	1.3	1.3	1.3	1.3
	汽油	kg					
	柴油	kg	10.8	12.4	13.1	14.9	16.2
	电	kW·h					
	风	m^3					
	水	m^3					
	煤	kg					
编号			3015	3016	3017	3018	3019

参考文献

[1] 徐凤永．水利工程概预算．北京：中国水利水电出版社，2010.

[2] 康喜梅．水利水电工程计量与计价．北京：中国水利水电出版社，2010.

[3] 水利部．水利工程设计概（估）算编制规定．郑州：黄河水利出版社，2002.

[4] 水利部．水利建筑工程概算定额．郑州：黄河水利出版社，2002.

[5] 水利部．水利建筑工程预算定额．郑州：黄河水利出版社，2002.

[6] 水利部．水利水电设备安装工程概算定额．郑州：黄河水利出版社，2002.

[7] 水利部．水利工程施工机械台时费定额．郑州：黄河水利出版社，2002.

[8] 康喜梅．预算员实训．北京：中国水利水电出版社，2015.

[9] 易建芝．水利工程造价．武汉：华中科技大学出版社，2013.

[10] SL 328—2005 水利水电工程设计工程量计算规定．北京：中国水利水电出版社，2005.

[11] SL 619—2013 水利水电工程初步设计报告编制规程．北京：中国水利水电出版社，2013.

[12] SL 618—2013 水利水电工程可行性研究报告编制规程．北京：中国水利水电出版社，2013.